特别鸣谢：中国人民解放军西安政治学院

# 未来战争中的武器

本书编写组　刘广文　胡瑞平　赖强 ◎ 编著

世界图书出版公司
广州·上海·西安·北京

图书在版编目（CIP）数据

未来战争中的武器/《军事小天才丛书》编委会编.
广州：广东世界图书出版公司，2009.6（2021.5重印）
（军事小天才丛书）
ISBN 978-7-5100-0657-9

Ⅰ.未… Ⅱ.军… Ⅲ.武器—青少年读物 Ⅳ.E92-49

中国版本图书馆 CIP 数据核字（2009）第 101809 号

| 书　　名 | 未来战争中的武器 |
| --- | --- |
| | WEILAI ZHANZHENGZHONG DE WUQI |
| 编　　者 | 《军事小天才丛书》编委会 |
| 责任编辑 | 吴怡颖 |
| 装帧设计 | 三棵树设计工作组 |
| 责任技编 | 刘上锦　余坤泽 |
| 出版发行 | 世界图书出版有限公司　世界图书出版广东有限公司 |
| 地　　址 | 广州市海珠区新港西路大江冲 25 号 |
| 邮　　编 | 510300 |
| 电　　话 | 020-84451969　84453623 |
| 网　　址 | http://www.gdst.com.cn |
| 邮　　箱 | wpc_gdst@163.com |
| 经　　销 | 新华书店 |
| 印　　刷 | 三河市人民印务有限公司 |
| 开　　本 | 787mm×1092mm　1/16 |
| 印　　张 | 13 |
| 字　　数 | 160 千字 |
| 版　　次 | 2009 年 6 月第 1 版　2021 年 5 月第 6 次印刷 |
| 国际书号 | ISBN 978-7-5100-0657-9 |
| 定　　价 | 38.80 元 |

版权所有　翻印必究

（如有印装错误，请与出版社联系）

# 光辉书房新知文库
## "军事小天才"丛书(第一辑)编委会

**主 任：**

  齐三平　中国人民解放军西安政治学院院长　教授　少将

**副主任：**

  张本正　中国人民解放军西安政治学院副院长　教授　大校

  焦会德　中国人民解放军西安政治学院副政委　大校

  侯敬智　中国人民解放军西安政治学院政工系教授　博士生导师

  王利群　中国人民解放军装甲兵工程学院教授

**委 员：**

  乔　军　吴跃华　陶传铭　王军旗

  张理海　杨邦荣　程达刚　陈　耿

  杨东录　武军仓　高建辉　张新军

  蒋一斌　范明强　周益峰　何　炜

  刘亚春

**执行编委：**

  陈文龙　于　始

"光辉书房新知文库"

总策划/总主编：石　恢

副总主编：王利群　方　圆

**本书作者**

刘广文　中国人民解放军西安政治学院研究生

胡瑞平　中国人民解放军西安政治学院管理工作者　上校

赖　强　中国人民解放军西安政治学院研究生

# 致热爱军事的青少年朋友们

经过解放军西安政治学院和编委会同志的努力,"军事小天才"系列丛书如期与大家见面了。希望广大的青少年朋友们能通过这套丛书,了解更多的军事知识,树立牢固的国防观念,努力学习,积极进取,为祖国的和谐与发展贡献出自己的力量!

大家都读过梁启超先生那篇激情澎湃的华章:"少年智则国智,少年富则国富,少年强则国强……少年雄于地球则国雄于地球。"少年是未来,少年是希望。我们编这套丛书,正是要给所有热爱军事的青少年加油鼓劲,给大家插上遨游军事知识海洋的翅膀,为祖国培养造就更多的"军事小天才"。

为什么要研究战争?战争作为人类最古老的行为方式之一,尽管给人类自身带来无数浩劫,却依然像个危险的宠物一样被人类忐忑不安地豢养着。进入新千年以来,特别是"9·11"以后,世界上相继爆发了阿富汗战争、伊拉克战争等几场影响深远的战争,弥漫的硝烟和隆隆的炮火声一次次告诫我们:永久的和平离我们还很远。我国虽然经过改革开放30年的发展,综合国力得到显著提升,政治、经济、军事实力都大大增强,但周边的局势依然不容乐观,战争的阴霾就窥伺在我们的周围,中国在前进和发展的路途上还会面临许多挑战与危机。国家虽安,忘战必危!作为中国的青少年,大家更应该从小懂得"止戈为武"的道理,了解战争,学习国防知识,只有这样,才会更加珍惜今天的美好生活,才会在将来成为世界和平的坚强卫士。

青少年为什么要了解战争?我想原因有三:一是端正青少年世界观、

价值观的需要，二是提升青少年综合素质的需要，三是造就军事人才的需要。对于第一条，刚才已经谈及，只有懂得战争才不会迷信战争，只有看清战争之丑恶才会理解和平之美好。从小对青少年进行包括战争知识在内的国防教育，就可以从根本上遏制反动战争思想对青少年的毒害。对于第二条，《中华人民共和国国防教育法》指出："学校的国防教育是全民国防教育的基础，是实施素质教育的重要内容。"义务教育阶段的青少年学生正处在学习科学文化知识和发展智力水平的关键阶段，国防观念的深入与否和国防素质的高低，将直接影响和决定着祖国未来的安全。因此，在青少年学生中开展系统的国防教育，加强国防知识的普及，是提升青少年综合素质的必然要求。对于第三条，大家翻开历史就会发现，那些叱咤风云的著名将领，很多都是少年英雄；那些名垂青史的军事奇才，大多从小就热爱兵书战策。有志不在年高，中国明天的将军就诞生于今天的青少年中。培养军事人才，一样要从娃娃抓起。

有鉴于此，我们为广大的青少年朋友们编写了这套丛书，作为"军事小天才"系列的第一辑，共有 10 个分册。丛书内容从人物到战役，从谋略到武器，既有史实，又有分析；既有对过去军事事件的总结，又有对未来军事前景的展望；同时在材料的选取上也兼顾了国内国外两个方面，为广大的青少年朋友们学习军事知识、树立国防观念打开了一扇窗户。

自古英雄出少年。最后，衷心祝愿广大青少年朋友们在学习求知的道路上收获智慧、蓄积力量，在迈向人生目标的征程中克服困难，赢得胜利！

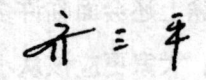

解放军西安政治学院院长　少将

# 目　录

引　言 …………………………………………………………… 1

## 第一章　未来战争中的神奇武器——从科幻走向实战 ………… 2

武器是战争中能量的物质载体，是战争中至关重要的因素。曾几何时，只是出现在科幻小说中的武器，正在一步步地走到战争实践中来，从神话变成了现实。

第一节　人类历史上的几种战争形态 ………………………… 3
第二节　未来战争的基本特点 ………………………………… 5
第三节　未来战争中的新概念武器 …………………………… 12

## 第二章　电子设备的克星——微波武器与电磁脉冲武器 ……… 15

在当今的各类高技术武器装备中，电子设备已经成了高技术武器装备的"神经元"，是高技术武器装备的"死穴"。而在新概念武器装备中，微波武器和电磁脉冲武器正是电子设备的克星，是电子设备的天敌。

第一节　于无声处显神威——微波武器 ……………………… 16
第二节　全能新霸——电磁脉冲武器 ………………………… 28

## 第三章　最小的"子弹"——粒子束武器与反物质武器 ………… 35

微观粒子不仅造就了物质世界，而且随着科学技术的发展，它还将用其聚集成束的巨大能量，去摧毁或去保卫这个世界，这就是粒子束武器。基本粒子、原子和物质都有其对应的反粒子、反原子和反物质，当它们被用来制

*1*

造武器时，又诞生了另一种新概念武器——反物质武器。

  第一节 粒子束武器 ……………………………………… 36
  第二节 反物质武器 ……………………………………… 44

## 第四章 高速"碰碰车"——动能武器 ……………… 51

  随着战争形态进入信息化时代，传统战争等级之间的界限变得模糊不清。作为世界军事头号强国的美军，在外层空间作战的战略构想中最核心的系统之一是全球面打击系统。动能武器是打击能力的重要组成部分。

  第一节 动能武器的概念 ………………………………… 52
  第二节 动能武器的原理和特点 ………………………… 53
  第三节 动能武器的种类及作战功效 …………………… 55

## 第五章 指哪打哪——激光武器 ……………………… 63

  人们很早就幻想用光作武器。作家们绘声绘色的描述，给激光武器加上了一层神秘的色彩。然而幻想终究是幻想，它与实际有一定的差距，目前的激光武器其威力远非作品中描绘的那样神乎其神，它的应用也才刚刚起步。

  第一节 激光武器的概念 ………………………………… 64
  第二节 激光武器的原理和特点 ………………………… 66
  第三节 激光武器的种类及作战功效 …………………… 74

## 第六章 呼风唤雨——环境武器 ……………………… 79

  自古以来，人们编造了许多把气象作为武器使用的神话传说，其中包含着改造自然的伟大理想。现代科学技术的迅速发展，正在现实生活中把这些理想逐渐变成现实。

  第一节 环境武器的概念 ………………………………… 80

第二节　环境武器的原理和特点 …………………………… 82
　　第三节　环境武器的种类及作战功效 ……………………… 87

## 第七章　聪明灵巧——智能武器 ………………………… 97

　　目前，人工智能技术已成为在高技术群中占有十分重要地位的领域，也是当今世界三大尖端科技之一。像其他高科技一样，人工智能技术一开始就在军事领域得到了广泛应用，并发展出了一类特殊的武器——智能武器。

　　第一节　智能武器的概念 …………………………………… 98
　　第二节　智能武器的原理和特点 …………………………… 100
　　第三节　智能武器的种类及作战功效 ……………………… 104

## 第八章　生与死的主宰——基因武器 …………………… 117

　　2000年6月26日，美国总统克林顿与英国首相布莱尔通过卫星传送联合宣布了人类历史上第一个基因组草图绘制完成的消息，给全世界造成了巨大的震动。基因既能造福人类，也有可能制成基因武器给人类带来灭顶之灾。

　　第一节　基因武器的概念 …………………………………… 118
　　第二节　基因武器的原理和特点 …………………………… 122
　　第三节　基因武器的种类及作战功效 ……………………… 126

## 第九章　网络杀手——计算机病毒武器 ………………… 131

　　计算机，这个当今世界的宠儿，在社会生活中起到了举足轻重的作用。但它同时也进入了科技发展的怪圈之中，开始对人类构成危害，其中最大的危害就是计算机病毒。

　　第一节　计算机病毒武器的概念 …………………………… 132
　　第二节　计算机病毒武器的原理和特点 …………………… 135
　　第三节　计算机病毒武器的种类及作战功效 ……………… 138

## 第十章 "看不见"的武器——隐形武器 ……… 146

在中国古典神话小说《西游记》中,美猴王孙悟空偷吃了瑶池的玉液琼浆和太上老君的金丹后,惟恐惊动玉帝性命难保,就使了个隐身法,在天兵天将的眼皮底下逃回了花果山……随着隐身技术的发展,21世纪这一神话中的隐身法即将变成现实。

  第一节 隐形武器的概念 ……………………………… 147
  第二节 隐形武器的原理和特点 …………………………… 152
  第三节 隐形武器的种类及作战功效 ……………………… 159

## 第十一章 杀而不死——非致命武器 ……… 164

有史以来任何战争都以尽可能多地杀伤敌人来达到战争的目的。能否兵不血刃赢得战争?中国古代军事家孙子早在两千多年前就已提出过,当代技术手段允许人们更加现实地考虑这个问题。

  第一节 非致命武器的概念 ……………………………… 165
  第二节 非致命武器的原理和特点 …………………………… 167
  第三节 非致命武器的种类及作战功效 ……………………… 171

## 第十二章 神奇小精灵——纳米武器 ……… 180

如今,随着纳米技术在军事上的广泛应用,纳米武器也随之出现了。采用纳米技术,可以使制导武器的隐蔽性、机动性和生存能力大幅度提高。

  第一节 纳米武器的概念 ………………………………… 181
  第二节 纳米武器的原理和特点 …………………………… 184
  第三节 纳米武器的种类及作战功效 ……………………… 190

## 参考文献 ……………………………………………… 196

# 引 言

战争与和平是人类亘古不变的话题，人们痛恨战争，渴望和平，维护世界和平是我们的责任，也是当今世界发展的主流。

当前，人类社会正由工业时代向信息时代过渡。作为战争形态来讲，它与时代特征是紧密相连的。每一种新的战争形态的出现，都是对旧战争形态的摈弃。冷兵器战争是对游牧时代的徒手战争的摈弃，机械化战争是对农业时代的冷兵器战争的摈弃，信息化战争是对工业时代机械化战争的摈弃。

当一个时代科学和技术发展的时候，那些科技的成果往往最早运用于军事领域。而引起军事领域的深刻变革，首先带来的是武器装备的变化。作战武器的变化，进而导致了作战样式的变化和战争形态的更替。

未来战争将会是什么样的战争？未来武器又会是什么样的武器？让我们跟随本书去寻找答案吧。

# 第一章　未来战争中的神奇武器
## ——从科幻走向实战

　　武器是战争中能量的物质载体，是战争中至关重要的因素。冷兵器时代的刀枪剑棍、矛戟戈钩，机械化战争时代的机枪大炮、坦克飞机，到未来战争中的各种先进的武器，武器总是战争进行的物质手段。曾几何时，只是出现在科幻小说中的武器，正在一步步地走到战争实践中来，从神话变成了现实。为了更清楚地了解未来战争中的武器，我们首先来看一看人类历史上战争形态的发展变化过程。

## 第一节  人类历史上的几种战争形态

战争形态的演变是与军事变革的演进相适应、相一致的。冷兵器战争、热兵器战争、机械化战争和信息化战争就是与历次军事革命相对应出现的四种战争形态。这四种战争形态，是军事链条中的四个环节。环节与环节之间既有继承、联系，又有各自鲜明的特征。例如，热兵器战争中伴有冷兵器的成分、机械化战争是热兵器战争的继续发展，而高科技信息化战争实际是信息技术统帅机械化的战争，即使是延续了数千年的冷兵器，如刺刀、匕首，现在也没有完全退出历史舞台。战争形态的内部结构虽然有继承、有交叉，但每次军事变革所形成的战争形态特征鲜明。如果单纯以主战武器的高度抽象（理解为冷兵器和热兵器）来看战争形态的演变过程，从时间跨度上面看，在人类有文字记载的历史中，冷兵器时代持续了4000多年，热兵器时代持续了800多年，机械化战争的出现至今有200多年。

如果以人类社会发展的技术时代和技术所导致的武器演变特征来划分战争形态的演变过程，战争形态的演变则历经了原始工具时代、冷兵器时代、热兵器时代和高科技时代，各时代又因武器的变革过程（从研制、生产到形成战斗力）而使得战争呈现不同的形态。由此产生了同时代的不同战争形态。

1. 原始工具时代战争。第一代战争是以木石工具为主导的原始战争，起源于原始社会晚期的母系氏族公社时期，约在中石器时代的初期，标志性战役发生在公元前3500年前的上埃及、下埃及两个王国的统一战争。公

元前26世纪～公元前2371年，苏美尔城邦拉格什与温马国为争夺土地、水源而进行的四次拉格什——温马战争，已有铭文记载。另有发生在公元前2530年的中国炎帝侵凌诸侯战于阪泉之野的战争。

2. **冷兵器时代战争。**第一代战争是以弓箭、大刀和长矛等冷兵器为标志，军队主要由步兵和骑兵组成，标志战役是成吉思汗讨伐小亚细亚；第二代战争以火药和滑膛枪为标志，出现了滑膛枪步兵和使用火药、罗盘的海军。冷兵器时代跨越了人类社会发展的两个阶段：奴隶社会和封建社会，是人类社会农业时代的主要战争形态。

3. **热兵器时代战争。**第三代战争以火枪和火炮为标志，形成了步兵、骑兵、炮兵等诸兵种合成军队。法国拿破仑时期的远征军属于此类；第四代战争以自动化和机械化武器装备为标志，以电力和内燃装置为基础。如坦克、飞机、汽车等，战争形式表现为大规模的机械化战争，著名的二战德军"闪电战"就是以机械化部队为基础的。热兵器在战争中的广泛使用是人类跨入工业社会后蒸汽、电力发明与机械制造技术发展的产物，热兵器时代发展的顶峰是热核武器的出现以及核威慑战争理论的成熟。

4. **高技术时代战争。**第五代战争以核武器为标志，出现了战略导弹军种；第六代战争以核威慑下精确制导武器的使用为标志。从第五代战争开始，人类现代战争进入了前所未有的高科技时代。精确制导武器在海湾战争中崭露头角，当时这类武器只占所耗弹药总量的不足8%，但却成功地摧毁了伊拉克80%的重要目标。海湾战争和科索沃战争"拉开了信息时代战争的序幕"，尤其是科索沃战争标志着人类进入了第七代战争形态。这两场战争给人们展示了全新的战争图景。我们依稀可以看到新世纪战争信息化、空间化、远程化、精确化的特点与趋势。

5. 未来信息时代战争。进入21世纪，人类科技的迅猛发展导致人类社会从工业时代向信息时代过渡，信息和网络技术飞速发展成为人类社会进入信息时代的催化剂，在人类社会即将踏入的新时代，从近期几次局部战争所表现出的新趋向可以看出：以信息化装备和智能武器为代表的新的战争形态——信息战已经开始初现雏形，引领新的军事变革方向。在海湾战争，特别是科索沃战争和伊拉克战争中已经显露了新战争形态的某些特征，而真正完全信息化的战争目前还在酝酿之中，这一战争形态将是新一轮军事变革的主要课题，是各国军队、国防武装的制高点。

## 第二节 未来战争的基本特点

我们现在所处的时代，正是人类社会由工业时代向信息时代过渡的时代，而在战争领域，战争形态正处于从机械化战争到信息化战争过渡的高技术战争时代。过渡阶段毕竟是一个暂时的阶段，而即将迎来的，则是信息化战争时代的到来。在这个阶段，战争中作战力量诸要素中，信息作用将日益凸显。概括起来，信息化战争有以下几个基本特点：

1. 战争与和平的界限日趋模糊。

战争与和平的界限日趋模糊将是未来信息化战争的一大特点。信息化战争将分为软战和硬战两部分。软战是以信息和信息系统为武器和目标的作战样式，硬战是信息调控下的火力战。信息化战争往往以无人员杀伤的软战开始，然后再进行有火力打击和人员伤亡的硬战。软战行动的攻击目

标既可能是军事信息系统，也可能是民用信息基础设施。它无声无息，对方很难发觉。就是有所觉察，也很难判断敌人是谁，来自何方，企图是什么，是一场战争的发端，还是一次一般性的黑客、病毒等信息攻击行动。如果是敌国有组织的信息战，而且随之实施硬战，则是一场战争的开始；否则，就是和平状态下的个人信息攻击。但这在当时很难判断清楚，往往在一段时间后才能知道当时的信息攻击是否是一场战争的前奏。

在和平与战争的界限不易区分的同时，还有军民界限模糊、战争走向"平民化"的趋势。其表现是：首先，军队可以在商业市场上采购某些先进装备，如个人计算机、光学仪器、电子产品等；其次，很多军事专业技术都有相应的民用专业技术，很多民用专业技术人才稍加训练就可成为很好的军事技术专家，计算机"黑客"、"计算机玩家"均可军民两用；第三，社会上的任何个人，只要有一台计算机和一条入网的电话线，就可实施信息战，进行"信息暴力活动"；第四，国家的"重心"将向民间转移，这些"重心"包括金融信息系统、电力信息系统、交通运输信息系统、国家行政管理信息系统等，它们也将成为战争中的重要攻击目标。

社会信息化、网络化导致的战争"平民化"，将使参战力量具有全民性的特征，便于发挥人民战争的威力。在未来的信息化战场上，可能出现"全民参战"、"各自为战"的对敌方开展网络大战的局面。

2. 战争动因复杂，战争目的有限。

在工业时代，战争的根本动因是政治斗争掩盖下的经济利益之争，主要是为了谋求领土、资源等经济利益，往往以占领或收复领土和获得资源而告终。在信息时代，经济利益之争仍然是导致战争的重要原因。但除此之外，由于各国之间、国际国内各种经济力量和各派政治力量之间的联系

与交往增多，在各个国家、民族、社团之间由政治、外交、文化等方面引发的冲突会有增无减，使宗教、民族矛盾与冲突相互交织，错综复杂，是导致战争发生的主要原因。

信息时代与工业时代相比，战争的目的将更加有限，通常情况下将不再追求攻城掠地，占领敌国领土，全部歼灭敌军，使敌方彻底屈服等"终极目标"，而是适可而止。这主要有以下原因：一是战争为政治服务的目的凸显，且政治目的有限，即只要是达成取得主导权，或获取一定的经济利益，或提高国际地位或惩罚、教训、报复敌国的目的就停止战争；二是信息化的军事技术装备既具有高效性，又具有很强的可控性，是达成战争有限政治目的的有效手段；三是信息化兵器价格昂贵，战争耗费惊人，任何国家都承受不起长期的战争消耗；四是由于信息时代战场上的情况，特别是人员伤亡情况，将实时得到电视网络报道，战争指导者若追求过高的战争目标，很可能导致交战双方遭受难以承受的重大伤亡，从而引发民众的强烈反战情绪，因此不得不对战争规模和战争目的严加限制。从海湾战争、科索沃战争、阿富汗战争、伊拉克战争中，我们已经看到了这种趋势。

3. 战争的内涵扩大，战争主体多样化。

与以往各个时代的战争相比，信息化战争的内涵将有所扩大，原因如下：

（1）打赢战争的要求更高。在农业时代的冷兵器战争中，只要打败敌国军队，就可打赢战争，使敌国就范；在工业时代的机械化战争中，要打赢战争，不仅要打败敌国军队，还要摧毁其军事设施和工业基础；而要取得信息时代信息化战争的胜利，除了消灭敌国军队、摧毁其工业设施外，还要破坏其军事信息系统。

（2）由于支持战争的信息系统除了国防信息基础结构外，还有国家信

息基础设施，所以后者及民用信息系统也在战争打击目标之列。

（3）社会的网络化，将使战争渗透与扩散到政治、经济、文化等各个领域。

战争主体的多样化是指进行战争将不再只是民族、国家或国家集团、政党或团体的专利，非国家主体、非政府组织、跨国公司、恐怖组织也同样能发动战争。另外，战争的概念和定义也可能发生变化。

4. 作战节奏快，战争持续时间短。

有人把信息化战争称之为"实时战争"。在这种战争中，作战节奏异常快，火力的转移、攻防的转换、新战略的采取、作战计划的拟订、反措施的实施等，都以极高的速度进行。这些作战行动的时间常常以分、秒、分秒、毫秒计算，失去几分钟或几秒钟，就可能意味着失去一支部队，甚至失去整个战役的胜利，原因如下：

（1）战场上的所有作战单元实现网格化、一体化后，可实时地获取、处理、传输和利用作战信息，可使指挥员对作战的指挥控制便捷高效，可使作战部队的行动非常迅速。

（2）武器装备的反应快、速度高。例如，压制武器进行射击的反应时间按秒计算，先进超声速飞机只需几秒钟就可从低空突入；又如，为了对付来袭导弹或炮弹，防御一方必须使用运算速度达每秒上万亿次的计算机，迅速计算出它的弹道和弹着点，并在极短的时间内完成信息传递、各项准备、发射弹束、进行制导与命中目标等各项程序。

（3）战争目的的有限性和作战的高效率，将使作战的坚决性和速决性更加突出，使交战双方都力求速战速决，在最短的时间内结束战争。

总之，信息化武器装备的高精度、远射程、高速度和信息化战场的建立，将导致实时作战、实时行动的出现。实时行动是指对战场情况立即做

出反应，采取对策，主要包括实时发现目标、实时指挥、实时机动、实时打击、实时评估毁伤、实时保障等。这样做的好处是可把过去在战场上需要几小时乃至更长时间才能做完的事，压缩到几分钟甚至几秒钟，使定下决策与作战进程几乎同步，从而大大缩短战争时间。

高技术战争与机械化战争相比，战争进程已大大缩短，战争持续时间已大大减少，在这些高技术局部战争中，如果交战双方实力严重失衡，一方占绝对优势，另一方处于绝对劣势，战争当然会很快结束。但如果双方实力相当，就可能是另一种情况了。未来信息化战争的持续时间将更短，除了上述原因外，还由于信息化战争准备时间长、战争能量释放速度快、交战时间短，而机械化战争则恰恰相反。

5. 战争毁伤破坏小，必要破坏减少到最低限度。

在任何形态的战争中，都会造成人员伤亡和财产破坏。毁伤破坏分为两类，一类是必要毁伤，另一类是附带毁伤。必要毁伤是与达成战争目的有直接关系的破坏，附带毁伤是与达成战争目的无直接关系或根本无关的不必要破坏。在工业时代的机械化战争中，附带毁伤非常严重，摧毁既定目标往往要破坏其周围的广大地域。在信息化战争中，则可将附带毁伤破坏减少到最低限度。首先，由于战场透明度大，交战双方不仅能避免因遭突然袭击而受重大伤亡，还可防止实施不必要的、会造成重大破坏的直瞄火力战。其次，交战双方只攻击那些为完成任务而必须攻击的目标，因而部队暴露于作战空间的时间短，受到的伤亡少。再次，未来战争在一定程度上是"精确战"，因而不会像工业时代的地毯式轰炸和面积射击那样，造成数十倍甚至数百倍于"必要破坏"的附带毁伤。最后，由于空战和天战制胜作用的增强，地面部队作用的下降，像第二次世界大战中那样的地面重兵集团对抗，特别是地面装甲集群之间

"绞肉机式"的对抗将退出人类战争舞台。

在人类历史发展的进程，战争自问世以来就沿着一条杀伤破坏越来越大的轨迹发展。到了工业时代的机械化战争，这种杀伤破坏达到顶峰。战争是政治的继续，是用暴力手段迫使敌方屈从己方的意志，而不是将敌人斩尽杀绝，将敌国夷为平地。机械化战争的杀伤破坏达到极致，既是军事技术发展的结果，也是军事技术落后的必然产物。任何事物发展到极致，都会向相反的方向转化。由于军事高技术的发展，高技术战争的杀伤破坏已明显低于机械化战争。在未来的信息化战争中，杀伤破坏将更少。但这并不是说信息化战争将消灭暴力，不再有流血，会完全失去残酷性。信息化战争也是战争，凡是战争，都是以武装斗争为根本标志的社会活动，都会使用暴力，暴力性是战争区别于其他任何活动的突出特征。

6. 作战行动在全维空间进行，地理因素的影响大大减弱。

未来的信息化战争将在全维空间进行，战场空前广阔。这里所说的全维空间包括有形空间和无形空间。有形空间又分为陆地空间、海洋空间、航空空间和航天空间；无形空间包括信息空间、认知空间和心理空间。战场是敌对双方进行交战活动的空间，是一个不断发展的概念。在农业时代的冷兵器战争中，战场空间只有陆地和海洋；在工业时代的机械化战争中，由于飞机的问世，又出现了空中战场的概念，即战场延伸到航空空间。20世纪70年代中期，美、苏两个超级大国先后发射了人造地球卫星，又使战场逐步扩大到外层空间或航天空间。未来信息化战争的战场结构将包括上述七大空间。在航天空间的军事系统不仅对陆战、海战、空战起支援作用，还将直接打击作战区域的各种目标。信息空间或信息域是进行"信息活动的领域"，是"产生、处理和共享信息"、"作战人员交流信息"、"指挥人员实施指挥控制"的领域。在这一领域的斗争也将变得非常激烈，

并决定部队作战能力的发挥程度。认知空间或认知域是作战人员和支援人员的意识领域，包括领导能力、士气、部队凝聚力、训练水平与经验、态势感知和舆论导向等，在这一领域的活动将决定部队自我协调行动的能力。在心理空间的角逐将伴随战争的始终，并使作战人员承受更大的心理压力。

作战行动在全维空间进行造成的一个最引人注目的结果是，距离、高度、地形、地物、地貌和国界等地理因素对战争的发生、发展和结局的影响将大为减弱。这是因为信息既是武器又是目标，它在网络空间的传播以光速计；C4ISR系统性能良好，能克服很多地理障碍，使战场变得几乎透明；信息化打击兵器和作战平台射程远、航程远，可打到或抵达世界任何角落。

7. 战争一体化程度高，无形作战力量要素起决定作用。

战场网络化和战争高度一体化是信息化战争的又一特点。第一，陆战、海战、空战、天战、信息战将相互交织，紧密融合，联为一体，在大战、小战中都是如此。第二，军种间作战的界限将难分彼此，摧毁敌方坦克的兵器可能不是己方陆军的反坦克武器，而是空军的飞机或海军舰艇发射的智能导弹。第三，战略级、战役级、战术级作战的界限将模糊不清，在很多情况下用少量信息化兵器和小型信息化部队就可直接达成战略、战役目标。第四，战斗部队、战斗支援部队和战斗勤务支援部队等各种作战系统，以及预警侦察、监视情报、指挥控制、通信联络、定下决策、实施打击、毁伤评估等各种作战职能，将联为一个有机的整体。军事大系统的形成，将使战争的一体化程度空前提高，使战争成为"系统与系统的对抗"。在战争中，触动这个整体的任何一个部位特别是关键部位，都将引起整个系统的反应；破坏这个整体的任何一个部位，都将影响其他部位乃至整个系统的正常运转。

在信息化战争的作战力量中，最重要的要素将不再只是兵力兵器的质量和数量等有形要素，还有从信息系统涌出的信息流、结构力等无形要素。无形的信息将取代物质和能量在战争中发挥的决定性作用，并日益成为最重要的战斗力和战斗力倍增器。计算能力、通信容量和可靠程度、实时侦察能力、计算机模拟能力等信息要素将成为衡量军队战斗力的关键指标。作战力量的对比，将主要取决于信息化武器系统的智力和结构力所带来的无形的、难以量化的巨大潜能。

## 第三节　未来战争中的新概念武器

近年来，西方一些军事大国在武器装备的研究和开发上，提出了"以理论为依据的需求体制"，这一发展思路改变了过去"有什么武器打什么仗"到现在"打什么仗发展什么武器"。"有什么武器打什么仗"与"打什么仗发展什么武器"，这两种不同的思维体现了战争形态与武器发展的不同关系，也道出了传统战争与高科技战争的明显分界。前者反映了处于自然状态下进行战争的人类对武器与战争关系的不自觉或被动适应，武器直接制约着战争的样式。后者则预示了进入自由状态时，人们对同一命题的自觉或主动选择，即根据作战理论的发展，制造适用于这种作战理论的武器。未来信息化战争新的战争形态，对于武器也将提出更新的要求。

当今，电子技术、航天技术、激光技术、原子能技术及红外线技术等高科技成果，已经大踏步地走进了战场，并引起了军队武器装备的巨大变革，其直接结果之一便是诞生了新一代的武器。核技术、计算机技术、航天技术的发展，导致了核武器、航天兵器的出现；微电子技术、等离子体技术的发展，大大地推动了精确制导武器的发展与完善，并正使之向智能化方向发展。

未来信息化战争，最新的高技术将非常快地运用到武器装备的研制和使用中去。目前，一批在工作原理、破坏机理和作战方式上与传统武器有着显著区别的新式武器，正在研制和探索之中，这些武器被称为新概念武器。

新概念武器的提法始于对天基激光武器、粒子束武器、动能武器的研究。在"星球大战"计划的初始阶段，美国计划使用携带核弹头的导弹来拦截对方的洲际导弹或再入弹头。但这种方法有一个致命的弱点，即不管拦截是否成功，核爆炸都会对己方造成一定危害。因此，美国决定改变原有计划，确定了"实现有效拦截而又避免自己遭受核破坏和影响"的新思想、新概念。美国开始按新的概念着手研究非核拦截武器，首先研究火箭拦截弹头（动能武器）获得成功，实现了非核拦截的初步设想，进而又开始研究激光武器和粒子束武器，也取得了重大进展。由于这些武器是基于"新思想、新概念"而产生的，因此也称其为"新概念武器"。

实际上，由于军事技术的飞速发展，所谓的新概念武器已远不止激光武器、粒子束武器、动能武器，而是涉及武器装备的诸多方面。现今正在发展中的新概念武器，主要有以下三大类型：

第一大类型是定向能武器，它包括：激光武器、高功率微波武器、粉子束武器等。这类武器的特点是：光速传输，零时飞行；电磁火力，来去无踪；软硬破坏，手下"无情"。

第二大类型是动能武器，它包括：电磁能发射器、电热炮等。这种类型武器是以电脉冲功率为能源，突破了常规火炮系统发射炮弹的速度极

## 军事小天才
### Jun Shi Xiao Tian Cai

限，因而弹丸动能高，杀伤威力大，破坏效能强；既可发射作为武器使用的弹丸，也可投掷作为武器眼睛、耳朵等使用的卫星。

第三大类型是非致命性武器及其他一些新型的软杀伤性武器等。

由于新概念武器具有与传统武器完全不同的特性，受到了世界各国的广泛关注。军事技术发达国家将其作为夺取未来战争主动权的"技术王牌"。不少专家认为，新概念武器将是21世纪军事发展的制高点。谁占据了这一制高点，谁就将在未来战争中获得主动权。因此，世界各国纷纷采取措施，积极发展，力争在这场争斗中占据主动。

新概念武器到底是什么样的呢？下面我们将进入到一个神奇的新概念武器世界，窥视未来战场可能使用的神奇武器。

# 第二章 电子设备的克星——微波武器与电磁脉冲武器

在当今的各类高技术武器装备中，几乎都要用到电子设备，电子设备已经成了高技术武器装备的"神经元"，是高技术武器装备的"死穴"。一旦这些电子设备遭到了破坏，高技术武器装备也将遭到致命的打击，丧失作战能力。而在新概念武器装备中，微波武器和电磁脉冲武器正是电子设备的克星，是电子设备的天敌。

# 第一节 于无声处显神威——微波武器

人类所生活的世界，是一个充满着未知的世界。每一天，人类都在不断地认识和改造着这个世界。人类通过自己艰苦的研究和辛勤的探索，都能有所收获，发现能造福于人类的东西。微波也正是人类在长期的发展过程中，逐步地被发现并加以利用的。从日常生活到军事领域，我们都可以发现微波的使用价值，特别是微波武器，发挥着巨大作用。

## 一、微波武器的概念

微波是一种高频电磁波，其频率在 300~30000 兆赫兹，波长范围在 0.01 毫米~1 米之间。在电磁波谱中，它的低频端同普通无线电波的超短波相连接，其高频端接近远红外。微波可以用特殊的天线汇聚成方向性极强、能量极高的波束，在空中以光速沿直线传播。可在不良导体中传输，在金属之类的导体上会被反射。微波技术是现代无线电子学的一个重要分支，也是现代通讯的重要手段。部队中使用的雷达、日常生活中使用的微波炉，以及微波通讯等，都是利用微波原理来工作的。有些军事科学家已将此技术用于制造一种新型武器——微波武器。

所谓微波武器，指的是用微波束的能量直接杀伤、破坏目标或使目标丧失作战效能的一种定向能武器。微波武器又被称为射频武器。

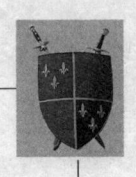

军事小天才
Jun Shi Xiao Tian Cai

安装在"悍马"军车上的美军"主动拒止系统"

早在19世纪，著名的物理学家赫兹和特斯拉等人就认为，电磁波束可作为一种动力源，并做了大量有意义的实验。第二次世界大战前，有人提出了用电波击毁飞机的大胆设想。大战期间，在军事需要的推动下，日本等国曾进行过这方面的研究。70年代以来，随着高能电子学的发展，大功率微波技术有了长足进展：首先是发现了当电子束以光速或接近光速通过等离子体时，可产生很强的定向微波辐射；其次是相控阵等大型天线的性能日益提高；另外，利用微波往地球输送空间太阳能电站的电力，以及用微波束能给发射机提供动力的研究，不断取得突破。这些都为微波武器的发展提供了必要的条件。

## 二、微波武器的原理和特点

高功率微波武器一般由能源、高功率微波发生器、大型天线和其他配套设

17

备组成。其运行原理是：初级能源（电能或化学能）经过能量转换装置（强流加速器或爆炸磁压缩换能器等）转变为高功率强流脉冲相对论电子束。在特殊设计的高功率微波器件内，与电磁场相互作用，将能量交给场，产生高功率的电磁波。这种电磁波经低衰减定向装置变成高功率微波束发射，到达目标表面后，经过"前门"（如天线、传感器等）或"后门"（如小孔、缝隙等）耦合入目标的内部，干扰或烧坏电子传感器，或使其控制线路失效（如烧坏保险丝），亦可能毁坏其结构（如使目标物内弹药过早爆炸）。

由上述原理可知，高功率微波武器系统主要由下列关键组件构成：脉冲功率源、高功率微波源、定向辐射天线。现逐一简介如下：

1. 脉冲功率源：这是一种将电能或化学能转换成高功率电能脉冲，并再转换为强流电子束流能量的能量转换装置，主要由高脉冲重复频率储能系统和脉冲形成网络（如电感储能系统相电容储能系统）及强流加速器或爆炸磁压缩换能器等组成。通过能量储存设备向脉冲形成的网络中放电，将能量压缩成功率高得多的（例如从1兆兆瓦提高到1000兆兆瓦）窄脉冲，然后将高功率电脉冲输送到强流脉冲型加速器加速运转转换成强流电子束流。这类加速器除强流脉冲加速器之外，也可使用射频加速器或感应加速器。

2. 高功率微波源：这是高功率微波武器的关键组件，其作用是通过电磁波和电子束流的特殊相互作用（波——粒相互作用）将强流电子束流的能量转换成高功率微波辐射能量。目前正在研制的高功率微波源主要有相对论磁控管、相对论返波管、相对论调速管、虚阴极微波振荡器、自由电子激光器等装置。

3. 定向辐射天线：这是将高功率微波波源产生的高功率微波定向发射出去的装置。作为高功率微波源和自由空间的界面，定向辐射天线与常

规天线不同，它具有两个基本特征：一是高功率，二是窄脉冲。为满足作为武器的需要，这种天线应符合下列要求：很强的方向性，很大的功率容量，带宽较宽，适当的旁瓣电平和波束快速扫描能力，同时重量、尺寸能满足机动性要求。从原理和结构上看，微波武器虽与雷达有些相似，但它所辐射的微波能量要比雷达高百倍以至万倍。与常规武器相比，它可在不破坏目标实体的情况下，严重削弱其战斗力；与同属一脉的粒子束和激光武器相比，它的波束较宽，且能量衰减慢。因而照射的目标区大，作用距离远，杀伤范围更为广阔。另外，它受天气影响小，能在各种环境下作战，尤其是可随时改变微波频率，使相应的对抗措施复杂化，令对手防不胜防。目前，微波武器的神奇威力已略见一斑。

无影无踪的微波武器

微波武器是发展之中的新一代定向能束武器；它能直接利用强微波波束的能量杀伤人员或破坏武器装备；根据高功率微波武器的概念及其杀伤机理，一般认为高功率微波武器在作战使用方面具有一系列特点或优点：

第一，近于全天候运用的能力（频率在 10 吉赫以上时稍差一些）。

第二，为对付电子设备而设计的波束似乎不会损害人的健康。

第三，波束比较宽，一般能淹没目标，因此对波束瞄准没有太高的要求，并且有可能同时杀伤多个目标。

第四，单价、使用和维护费用预计比较低。

第五，在许多应用中，唯一的消耗器材是常规发电机/交流发电机的燃料。因此，"弹仓"就是燃料箱。

第六，因为射频武器类似于雷达系统，只不过具有更高的功率，因此有可能设计一种系统，首先探测和跟踪目标，然后提高功率杀伤目标，并且全部以光的速度进行。

第七，因为军事人员熟悉雷达系统，并且许多后勤问题已经得到解决，所以高功率微波武器的实现可以利用现有的基础设施。

第八，因为效应是完全看不见的（使电路翻转，损坏系统内部的半导体部件），并且装置可以做得很小而且考虑很周到，所以这项技术非常适合于隐蔽作用。

第九，适用于非致命性交战。

第十，覆盖频率范围宽，既可研制出宽带高功率微波定向能武器，也可研制出窄带高功率微波定向能武器。

### 三、微波武器的作战功效

微波武器就好比一朵盛开的罂粟花一样，外表虽然十分娇艳动人，貌

似"人道",似乎十分"洁净"、"高效"和"全能"。但是,在它美丽、温柔的外表之下,却暗藏着凶狠的杀机。微波武器既能进行软打击,又能进行硬毁伤;既能"点穴",进行精确打击,又能"全面瘫痪",进行大面积毁伤;既能杀伤战斗人员,又能摧毁、破坏武器装备。正是由于微波武器具有许多其他常规武器装备所不具有的神奇功能,才使其将成为未来战场上的一个超级杀手。

装甲车上的美军士兵操纵微波武器对准目标

1. 微波武器对人员的杀伤。

20世纪80年代初,美因俄勒冈州的居民在一段时间内纷纷向当地政府反映,他们那里的大气中有一种奇怪的东西,这种东西可使人产生一种奇异的感觉,引起头痛、喉干、抑郁、暴怒、失眠等反应。他们强烈要求当地政府调查这些症状的起因,并设法帮助当地的居民消除这些不良的反应。

当地的政府十分重视,立即着手调查这些症状的起因,并把情况上报给华盛顿。俄勒冈州居民的症状引起美国政府的高度重视,立即派出了最著名的环境专家、医学专家赶赴俄勒冈州协助进行调查。

派往俄勒冈州的环境专家和医学专家到处进行取样。对大气、水源、土壤、植被、动物等等,都进行了充分地取样。样品很快被送到了美国一些最著名的研究所。经过科学家们综合的分析检验,结果发现,所有样品

几乎都是正常的，调查一无所获。

然而，令人奇怪的是，就在专家们找到症状的起因之前，俄勒冈州居民的奇异感觉突然消失了。人们又恢复了往日正常的生活。但是，引起这种奇怪感觉的原因，对于许多人来说仍然还是一个需要解开的谜。

若干年之后，人们才从美军解密的一份报告中得知：当年，美国俄勒冈州居民的奇异感觉与前苏联进行的微波武器试验有关。前苏联进行微波武器试验，结果引起美国俄勒冈州居民的强烈反应，微波武器能对人产生危害吗？它的作用距离真的有这么远吗？……

武器专家的回答是肯定的。虽然微波自从被人们发现以来，几乎一直是与人类"和平共处"于同一个空间里的，但不可否认的是，微波是携带着一定能量的无线电波，以往它之所以能与人类"和平共处"，是因为它所携带的能量还不够大。

假如，把能量升高到一定程度是会对物体造成伤害的。微波肯定是能够对人员进行杀伤，而且它还是一位杀人不见血的高手。各种各样的电磁波早就存在于人类生存的空间，虽然被人类广泛利用的无线电波是人们100多年前才开始认识、了解的，但它已经不知不觉地存在于人们的周围。

目前，随着人们对无线电波利用的增多，在我们所生活的空间里，无线电波是越来越多，而且越来越强。电视信号、广播信号、电报信号、手机信号，等等，虽然这些信号并没有引起我们任何的身体不适反应，但随着它们能量的不断增加，人们已经逐渐地感觉到它们的存在了。

科学家们并没有被无线电波与人类相安无事的假象所迷惑，他们一直想弄清楚，生物体在电磁波的作用下究竟会产生什么反应呢？特别是随着人类技术的不断进步，电磁波所携带的能量日益提高，电磁波对生物体的

作用及其研究，在近年来越来越引起许多物理学家、生物学家和医务工作者们的重视。

经过多年的研究和试验，科学家们终于了解到电磁波能引起生物体的许多反应。作为一种武器，微波武器号称"看不见的杀手"，它对人员的杀伤作用分为"非热效应"和"热效应"两种。

（1）"非热效应"指的是当微波强度较低时，可使人产生烦躁、头痛、神经错乱、记忆力减退等现象。当物体的缝隙大于微波的波长，它就可以经过这些缝隙进入目标内部，还可以通过玻璃或纤维等不良导体进入，杀伤里面的人员。如果把这种效应作用于炮手、坦克和飞机驾驶员以及其他重要武器系统的操作人员，会使他们功能紊乱而丧失战斗力。低功率微波长时间辐射人体，也会使人体产生损伤。前苏联曾长时间地对美国驻苏大使馆进行微波侦察，结果使美国大使馆的一些人员得了微波病，精神萎靡、烦躁不安、血压下降、消化不良、内分泌功能紊乱。

（2）"热效应"指的是在强微波的照射下，使人皮肤灼热，患白内障，皮肤及内部组织严重烧伤甚至致死。高功率微波对人体的损伤，主要是在人体内部产生热效应。高功率微波作用于人体时，能破坏人体的热平衡，引起局部或全身温度增高，内脏充血、出血和水肿，内分泌发生障碍。严重时，甚至可以使体温急剧上升，达到43℃以上，把人活活烧死。当这种武器辐射的微波能量密度达到每平方厘米3~13毫瓦时，会使作战人员产生神经混乱、行为错误甚至致盲或心力衰竭等；当能量密度达到每平方厘米0.5瓦时可造成皮肤轻度烧伤；当能量密度达到每平方厘米20~80瓦时，作战人员只需被照射1秒钟便可致死。前苏联的研究人员曾把山羊当作活"靶"，进行了强微波的照射试验，结果1000米以外的山羊瞬间"饮

弹身亡"；2000米以外的山羊顷刻丧失活动功能，瘫痪倒地。从这一点上来讲，把微波用作一种武器，对人员进行杀伤，其能力是毋庸置疑的。

2. 微波武器对电子武器的毁伤。微波武器另外一个称号是"电子武器的克星"，它的第二种破坏作用是破坏各种武器装备的电子设备，使其丧失作战效能。

电子战的打击目标既不是人，也不是一般的武器装备，而是构成了现代军队"核心"的电子设备。为什么这样说呢？因为，电子设备构成了现代军队的"耳朵"、"眼睛"、"心脏"和"大脑"，离开了电子设备的现代军队，就如同没有了感觉器官、没有了心脏和大脑的人一样，现代军队就会陷入"看不见"、"听不到"、"动不了"的境地，没有任何的作为。实现了作战指挥自动化的C4ISR系统，集指挥、控制、通信和情报等功能于一身，是现代战场上指挥官离不了的工具，它实质上就是以电子计算机为核心的各种电子设备组成的电子系统。飞机、舰艇的探测、通信、导航系统都是由电子设备构成的；导弹的"心脏"——制导、控制系统也是电子设备组成的；各种雷达、传感器等就是电子设备。难怪前苏军元帅索科洛夫斯基曾这样评论道："没有电子设备，甚至导弹和核武器都不能使用。"

然而，"凡事有一利，必有一害"，电子设备在增强了作战指挥的能力，提高了武器装备的战术技术性能的同时，也成为战场上军事打击的自选目标。随着电子设备不断充斥于现代战场，电磁战场已经成为与地面、海洋、空间作战相并列的第4维战场。电子战受到了各国军队的重视。

进行电子战的手段主要有两大方面：一是实体摧毁，二是电子干扰和电子压制。

实体摧毁是使用各种精确制导导弹打击、炮兵火力打击、特种作战行动，摧毁敌方的电子设备。这种方法干净利落，敌方的电子设备一旦遭到打击，实体便消灭。但是，这种方法实施难度大，打击目标有限，效率不高。

俄罗斯仪表制造设计局最新研制的"红土地—M2"制导炮弹

电子干扰和电子压制主要是通过发射专用的电磁波信号，干扰和破坏敌方电子系统的正常工作，这种方法作用面广、使用灵活、容易实施。但是，它对敌方的电子设备不能进行永久的破坏，一旦停止干扰和压制，敌方的电子设备便能迅速恢复功能，因而效果也不理想。

因此，寻找一种既简便易行，又高效实用的电子战武器，一直是武器专家们梦寐以求的事情。

微波武器正好顺应了这样的需求。这是因为，电子设备一旦受到微波武器的攻击，就会遭到不同程度的损坏。微波武器发射的是高能微波，当

微波所携带的高能量进入到电子设备的内部之后，就会引起电子设备中小尺寸半导体器件的温度上升，而造成电子设备中的半导体器件被熔融，使电子设备被破坏。试验表明：

0.01～1微瓦/平方厘米能量密度的较弱微波，即可使工作在相应频段的雷达和通信设备受到干扰，无法进行正常工作。这种情况与电子干扰机对雷达和通信设备的干扰效果相似。

0.01～1瓦/平方厘米的微波能量辐射，可直接使通信、雷达、导航等系统的微波电子器件失效或烧毁。10～100瓦/平方厘米的强微波辐射形成的瞬变间磁场，可使各种金属目标的表面产生感应电流和电荷，感应电流能通过各种入口（如天线、导线、电缆和密封差的部位），进入武器装备内部电路。当感应电流较小时，会使电路功能产生混乱，如出现误码、抹掉记忆信息等现象，从而使武器装备完全丧失作战效能。由于强微波的这种效应类似于核爆炸时产生的强电磁脉冲对电子设备的影响，所以又称其为"非核电磁脉冲效应"。

1000～10000瓦/平方厘米的超强微波能量，可在极短的照射时间内加热破坏目标。试验中，微波发射机产生的这一范围的能量，可使14米远的铝燃烧；能点燃距离76米处的铝片和气体混合物，而在260米处的闪光灯泡瞬间就被点燃。如果微波的能量再强一点，波束更窄一些，则有可能引爆远距离的弹药库或核武器。

由此可见，微波武器可攻击的目标非常之多，从太空中遨游的军事卫星到跨洲越洋的洲际弹道导弹；从巡航导弹、飞机到坦克、军舰，从雷达、计算机到通信器材和其他光电器件，只要使用了电子设备，处于强微波的作用范围之内，都将遭受毁灭性的打击。

3. 微波武器是隐形武器的天敌。80 年代新崛起的隐形武器，能攻善防，适用于陆、海、空战场，具有重要战略意义，世界上许多军事强国竞相研制和发展。

1989 年 12 月 20 日凌晨，在巴拿马城以西 120 千米的里奥哈托机场的军营里，巴拿马的士兵们在狂欢了一天之后，正沉睡在梦乡里。机场防空雷达不停地转动，警惕地巡视着夜空。一切正常，没有发现任何的异常情况。突然，军营里爆发出一阵阵巨响，几百名正在熟睡的士兵在稀里糊涂之中就已经踏上了黄泉路，机场被炸、飞机被毁，整个军营被包围在滚滚浓烟、冲灭火光之中。

几百名丧生的巴拿马士兵也许会死不瞑目，因为他们至此也不明白，为什么他们机场上先进的防空警戒雷达会对美军的空袭飞机"视而不见"呢？

美国国防部发言人随后发布的新闻道出了其中的隐情。美军在这次入侵巴拿马的行动中，使用了先进的 F－117A 隐形飞机躲过了巴拿马从国外引进的先进的防空雷达的监视，一举炸毁了巴拿马两个重要的军营。巴拿马人丧失了对美军随后的空降行动进行抵抗的力量，使美军第 82 空降师在没有遭到任何抵抗的情况下降落到巴拿马的里奥阿托机场。美军的 F－117A 隐形战斗轰炸机在这次入侵巴拿弓的行动中立下了头功，也首次向人们展示了隐形飞机的巨大威力。

隐形武器为何能隐形？原来，它除通过气动外形的独特设计外，主要是广泛采用了各种隐形材料。在近几次局部战争中，美国的 F－117A 战斗机就出尽了风头。隐形武器之所以能够隐形，除了有独特的气动外形设计减少雷达的反射波以外，主要是在材料上下工夫。从 B－2 隐形飞机来看，

首先是采用了能吸收雷达微波的材料作为机架；其次是在机体表面涂上一层能吸收雷达微波的涂料，能大量吸收雷达的探测信号，使之有来无回。由于雷达发射的微波能量微乎其微，因此隐形飞机能安然无恙。但是，遇到强微波武器的高能波束，它就遭了殃，轻者瞬间被加热，进而导致机毁人亡，重者即刻熔化，变成一缕青烟。现有的飞机（除隐形飞机）主要由金属材料构成，它们对微波能量吸收较少，故微波武器摧毁隐形飞机，要比摧毁现有其他飞机所需能量小得多，因而更易实现。由此可见，微波武器一旦问世，必将成为隐形武器的天敌。

## 第二节　全能新霸——电磁脉冲武器

"无网不在"的现代信息社会，将经济军事等各个领域的每一个部门都转化成网络上的一个节点，数字化的网络快车在提供便捷快速服务的同时，也把这种电磁平台的"软肋"展露无遗。透过科索沃战争和伊拉克战争的硝烟，石墨炸弹造成的贝尔莱德的大停电，微波炸弹造成的格达转播信号的消失……所有这些，都给世人留下了极其深刻的印象。面对"第五维战场"——电磁空间日渐激烈的角逐，面对电磁脉冲武器强大的攻击优势，在未来战争中如何保护己方电子设备安全运转并有效发挥功能，已成为夺取制胜信息权的关键。

### 一、电磁脉冲武器的概念

电磁脉冲武器是依靠特定技术产生电磁脉冲，在一定地区或目标

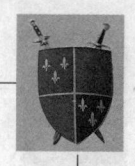

周围空间造成瞬间的强大破坏性电磁场，毁伤敌方电子设备的一种新概念武器。在西方，电磁脉冲武器被列为大规模电子破坏性武器，被称为"第二原子弹"。

电磁脉冲武器

## 二、电磁脉冲武器的原理和特点

1962年7月8日，美国在太平洋的约翰斯顿岛上空进行了一次当量为1.4兆吨TNT当量的空爆核试验。该岛水域盛产海星，而海星的生命力极强，它呈五角星状，当其身体被割成几块时，不但不会死去反而会变成几个新的海星生命。为了保密，这次试验就取名这种象征生命力旺盛的水产动物作为代号。

"海星"试验开始，随着巨大的闪光，白热的火球出现，而后引起了大风。空气剧烈流动，海浪起伏，声波四处回荡。岛上的各种参测

项目顺利实施：观测仪、放射性尘埃收集器、水面采样器，以及各个建筑上的报警器在正常地工作。一切都按预定方案进行。然而谁也没想到，此时，相距约翰斯顿岛1400千米的檀香山，却一片混乱。警察局不断接到电话，所有的电话几乎都是同一内容：防盗报警器报警，请速来人侦察破案。警察在一片电话铃之后，选择了一个近处住宅夯看，那里一切如故，丝毫未发现疑点，但报警器还在响个不停。与此同时，街上的路灯熄灭，一些动力设备上的继电器一个个被烧坏……是有黑社会集团破坏吗？没有任何蛛丝马迹。

电话打到了华盛顿五角大楼，方才有了不敢肯定的答案：是否是受到了"海星"的干扰？这正是"海星"试验中电磁脉冲在作怪。困扰人们几天的怪事终于有了结果。

电磁脉冲炸弹的威力这么大，那么它的杀伤破坏机理是什么呢？

电磁脉冲弹是一种主要以电磁脉冲来破坏无防护的复杂电子电路装置的核弹。这种核武器的主要功能是发出强大的电磁脉冲，破坏敌方的电子设备，给敌方的指挥、控制和通信系统的网络造成极大的破坏，从而切断其武装部队与指挥中心机构的联系。经验表明，在距爆心几千米的地方近地电场强度可达几万伏/米。地表面也达几万伏/米，也就是说，高能核爆炸最初在十亿分之几秒内所释放的$\gamma$射线与上层大气电离层中的电子对发生撞击，被$\gamma$射线撞散的电子受到加速，然后在地磁场影响下发生偏转。这一变化产生极高的高压电。高压电越强，产生的电磁脉冲波越强。这种电磁脉冲波射向地球表面时，天线、电线、电缆等金属物体都成了电磁脉冲收集器。一旦这些感应电荷的能量集合起来，传到相连的设备上，就会破坏无防护的电子设备，包

括雷达、数据处理系统、电传机、电子计算机、卫星、武器系统、通信系统等等。强大的电磁脉冲甚至会破坏城市的电力系统，使居民产生恐怖心理，造成社会秩序的混乱，打击和动摇居民士气。

人们将核武器的这一破坏因素，称为核爆炸电磁脉冲效应。核爆炸会产生冲击波、光辐射、早期核辐射和放射性沾染四种效应。这四种效应不但会杀伤人员，也会破坏装备。这已为人们所了解。现在则增加了另一种效应，即电磁脉冲效应，这第五种效应是核效应中唯一不伤人的效应。所谓"电磁脉冲弹"，正是突出这一破坏因素而制成的新型核武器。

但是由于核武器的辐射作用太大，使用要受到诸多因素的制约，所以美军一直试图找到一种通过非核爆炸形式得到高能电磁脉冲的方法。20世纪80年代后期，随着相关技术的成熟，美军终于找到了解决办法。他们通过一系列特殊装置，把普通炸弹爆炸的机械能转化成高强度电磁脉冲能量。当电磁脉冲炸弹在目标上方爆炸后，会辐射出高强度的电磁脉冲，对处于杀伤半径内的不同类型的电子设备造成大面积的杀伤。

电磁脉冲武器，有人称其为电磁脉冲弹，它与雷达或雷电的电磁脉冲相比有如下特点：

1. 作用范围广。当核武器进行地下爆炸或低空爆炸时，其作用范围有限，但当进行超高空大当量爆炸时，其作用就非常巨大。曾有人提出，在进行首次核突击时，应先实施大当量超高空核爆，以使对方的通信指挥系统和雷达系统处于失灵或瘫痪状态，使这些"千里眼"、"顺风耳"成为瞎子和聋子。果真如此，那么在未来战争

条件下，军队便无法行动了。

2. 电场强度高。核电磁脉冲的电场强度与爆炸当量、爆炸高度及距爆心的远近有关。在距爆心几千米范围内，电场强度可达每米几千伏到几万伏，并以光速由爆心向四外传播。它的作用随着爆高的增加而扩大，又随着距离增加而减弱。

3. 频率范围宽。核电磁脉冲频率分布在极低频到特高频的广阔范围。它占了几乎所有民用、军用的电气、电子设备所使用的大部分工作频段，因此构成了广泛的影响。

4. 作用时间短。电磁脉冲虽然作用范围广、场强高、频谱宽，但作用时间却很短暂，一般只有几十微秒，总持续时间也不大于1秒。

## 三、电磁脉冲武器的种类及作战功效

实际上，"柔顺"是电磁脉冲武器最为独到之处，多次试验表明，即使处于电场强度每米几万伏的作用范围内，试验动物从未受到过伤害。美国曾用强大的模拟电磁脉冲对猴子和小狗做了大量试验，也都未发现造成伤害动物之事。由于它只对带电之物有干扰和破坏作用，因而成了非致死性战争的选用武器。

目前，世界上少数国家已经开发出的具有实战价值的电磁脉冲武器可分为四大类：核电磁脉冲武器、高功率微波炮、电磁脉冲弹和超宽带电磁辐射器。

核电磁脉冲武器是指利用核爆炸产生的高强度电磁脉冲，对敌方军事或民用目标实施打击的武器。这是一种以增强电磁脉冲效应为主要特征的新型核武器。早在20世纪70年代，苏联和美国的专家对原有核武器的设

计进行了改造，使核弹在爆炸时能将更多的核能量转换为电磁脉冲能量。例如前面讲到的，1962年的美国在约翰斯顿岛上空进行了一次当量为1.4兆吨TNT当量的空爆核试验。

高功率微波炮是另一种电磁脉冲武器，它能产生吉瓦量级的微波，就像探照灯和手电筒射出的光速一般，可瞬间击毁电子元件。在高功率微波武器开发方面，美国和俄罗斯（苏联）居领先地位。1977年，苏联克格勃曾利用高功率微波对美驻莫斯科大使馆进行照射，造成一个机房的电器设备短路起火，火情在使馆的机要房间蔓延开来，伪装成消防人员的克格勃特工则伺机安装了窃听装置。除俄罗斯和美国外，英、法、德、日等国也都在进行高功率微波武器的研制和开发。

电磁脉冲弹是利用大功率微波束的能量，直接杀伤破坏目标或使目标丧失作战效能的武器。这种武器由飞机或导弹在空中发射并爆炸后，其强大的脉冲功率，可将敌方的目标，通常不是某一种电子设备，而是某一区域的几乎所有的电子设备进行破坏。如俄罗斯研制的电磁脉冲弹，可将爆炸能转变成电磁能的强烈脉冲，一次释放能量达100兆焦，对电子设备威胁极大。电磁脉冲弹爆炸时释放出的大功率电磁脉冲，还能扰乱人的大脑神经系统，使人暂时失去知觉。

超宽带电磁辐射器是一种新型电磁脉冲武器，它就像"雷公电母"的兵刃，由于频带很宽，可瞬间大范围覆盖目标系统的响应频率，使跳频通信变得毫无意义，因此对电子设备有很大的威胁。这类武器的最大优点是体积小、操作方便，置于车辆、飞机和卫星上，可破坏敌方的电子信息系统、信号接收机或阻塞对方雷达。据报道，美军正在研究用高能炸弹驱动的电磁脉冲发生器。美空军拟将输电约30兆安的

## 军事小天才
### Jun Shi Xiao Tian Cai

小型电磁脉冲发生器装在巡航导弹中，利用类似聚光罩的天线，将电磁脉冲发生器的输电能量会聚在大约30度的范围内，从而产生对电子设备进行瘫痪攻击的效应。

就制造电磁脉冲炸弹的技术难度而言，拥有电磁脉冲炸弹要比跨越核门槛容易得多。值得一提的是，对于那些信息化程度较高的国家和军队而言，它们对电磁脉冲炸弹打击的承受能力反而不如那些信息化程度低的国家的军队。美军那些高度信息化的武器装备在电磁脉冲炸弹面前，会显得异常脆弱。所以，一些相对弱小的国家，将有可能把电磁脉冲炸弹作为自己的"核武器"，届时美国很可能会饱尝自己发明的电磁脉冲炸弹带来的苦果。

# 第三章　最小的"子弹"——粒子束武器与反物质武器

我们知道，世界是由物质组成的。物质又是由分子、原子、质子、中子、电子等微观粒子组成的。小小的微观粒子，不仅造就了物质世界，而且随着科学技术的发展，它还将用其聚集成束的巨大能量，去摧毁或去保卫这个世界，这就是粒子束武器。

然而，基本粒子、原子和物质都有其对应的反粒子、反原子和反物质。除光子、π。介子和η。介子的反粒子是它们本身以外，所有的粒子都有其对应的反粒子。因此，自然界必然存在反物质（antimatter），当它们被用来制造武器时，又诞生了另一种新概念武器——反物质武器。下面就让我们走进粒子束武器和反物质武器，看看它们的真实面目。

# 第一节　粒子束武器

在物理学上我们知道，动能与物体的质量成正比，与物体运动速度的平方成正比。虽然子弹的重量仅有几克，但是当子弹在枪膛里被火药燃气加速后，便具有很大的动能，不仅可以飞行较远的距离，而且还可以击穿苦干毫米厚的钢板。同理，虽然电子、质子、中子等微观粒子体积很小、质量很轻，但是它们毕竟具有一定的质量，如果能使它们获得极高的速度，它们同样会具有动能，当然也能破坏目标，变成一种武器，于是当粒子这种最小的"子弹"被当作武器时，粒子束武器便诞生了。

粒子束武器

## 一、粒子束武器的概念

我们知道世界上的一切物质都是由分子组成的，分子是由原子组成的，原

子又可分为原子核和电子。而原子核又包含着带正电荷的质子和不带电荷的中子。电子、质子、中子等这些极其微小的粒子称为"微观粒子"。

何谓粒子束武器？顾名思义，就是利用微观粒子构成的定向能量束去摧毁目标的武器。亦被称为"束流武器"或"射束武器"。而这些粒子要成为一种武器，就必须把它们的速度提高到光速，这样才能获得足够大的能量。

## 二、粒子束武器的原理和特点

普通的枪弹和炮弹是通过弹头装药爆炸所产生的爆轰波或冲击波而摧毁目标的，或者通过聚能装药将金属流射入目标中从而毁伤目标。而粒子束武器则不同。其中最关键的就是如何将粒子的速度提高到光速。

怎样让粒子加速呢？人们制造出一种专门加速粒子的特殊装置，我们称它为粒子加速器。带电粒子进入加速器后就会被加速到所需要的速度。当然这种加速不是由电场对粒子进行一两次巨大的冲击而完成的，而是通过多次重复而又方向一致的加速来使粒子的速度越来越大。这如同人造卫星要获得所需要的速度时，是由多级运载火箭经过多次加速而完成的一样。具体地说，在直线加速器中，按一定距离依次排列着若干个加速电场。如果每个电场对带电粒子的作用力方向一致，那么带电粒子就会不断地被加速，这如同打秋千一样，如果每次用力的方向都和秋千运动的方向一致，那么秋千就会越荡越高。粒子经过一次又一次的加速，最后就可以获得所需要的速度。当这些微观粒子的速度越来越高时，它们所具有的能量也就越来越大。粒子束武器要求粒子的速度要接近每秒 30 万公里的光速。可以想象，这些小小粒子所具有的能量就不能小看了。这些高速运动的一个个微观粒子，就变成了一颗颗颇具动能的"炮弹"。

## 军事小天才
### Jun Shi Xiao Tian Cai

虽然小小粒子变成了一颗颗具有很大动能的"炮弹",但是少量的粒子所具有的能量仍然不足以毁伤任何目标,必须将大量的粒子集中起来,使之形成一股极为狭窄的高能定向束流,这样的粒子束流才具备极大的能量,并足以摧毁所攻击的目标。粒子束武器也由此而得名。

粒子束武器是由高能电源、粒子产生装置、加速器和电磁透镜(能使电子聚焦的电磁场叫做电磁透镜)等部分组成。其中高能电源和粒子加速器是整个武器的核心部分。粒子束武器产生高能粒子束的简单原理是:首先由发电机输出巨大的电能,通过贮能及转换装置变成高压脉冲,然后粒子束产生装置将高压脉冲转换为电子束,电子束中的粒子进入粒子加速器后,被加速到接近光的速度,最后再由电磁透镜中的聚焦磁场(其作用就像放大镜可以将阳光聚集成一个很小的光点一样)把大量的高能粒子聚集成一股狭窄的束流。

概括起来讲,粒子束武器具有快速、高能、灵活、干净、全天候等特点。

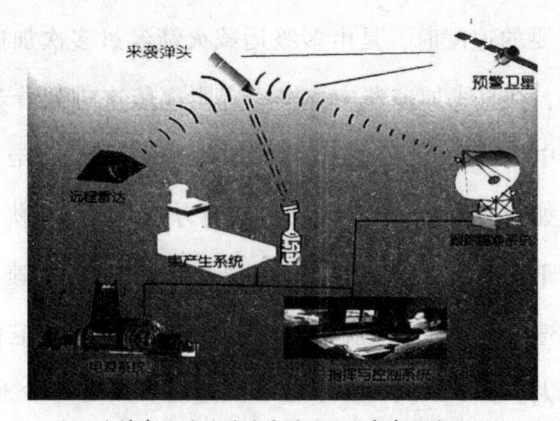

能够有效对付弹道导弹的粒子束武器系统

快速是指粒子"炮弹"的飞行速度快。粒子束武器发射出的高能粒子

是以接近光的速度前进，这个速度比一般炮弹或子弹要快几万倍到十几万倍，因此它最适合攻击飞行目标。用粒子束武器拦截各种空间飞行器，可在极短的时间内命中目标，非常适合对付在远距离高速飞行的洲际弹道导弹。射击一些近距离和比较慢的飞行器时，一般不需考虑和计算射击提前量。

高能是指粒子束武器可以将巨大的能量高度集中到一小块面积上。普通炸弹或核弹爆炸后，其能量是从爆心向四面八方传播的，不能将巨大的能量集中到一个方向上，因此只能作为一种杀伤面状目标的武器。而粒子束武器是将巨大的能量以狭窄的束流形式高度集中到一小块面积上。因此说，粒子束武器是一种杀伤点状目标的武器。由于高能粒子和目标材料的分子发生猛烈碰撞，产生的高温和热应力就会使目标材料熔化、损坏，从而导致弹体断裂。另外，当高能粒子击穿飞行器金属蒙皮后，还能继续破坏其内部的机件和电子设备，使导弹失去控制。此外也可以引起导弹战斗部提前起爆。

灵活是指变换射击方向灵活。一般大型武器的发射装置都比较庞大，因此在改变射击方向时，活动部分就会产生较大的惯性，动作起来比较缓慢，往往需要几十秒至几分钟的时间。而粒子束武器则不同，当需要改变射击方向时，只要改变一下粒子加速器出口处导向电磁透镜中电流的方向或强度，就能在百分之一秒的时间内迅速改变粒子束的射击方向，这与一般大型武器相比就显得非常灵活。由于改变射击方向迅速而灵活，因此转移火力的时间就大大缩短，这样便可以在极短的时间内从容地对付多批目标的饱和性攻击。

干净是指粒子束武器没有放射性污染。核弹爆炸后会产生很强的放射

性污染，如果用带有核弹头的反弹道导弹作战，那将会造成更严重的污染，甚至还会给己方造成不应有的损失。而粒子束武器则不会出现这种情况，它射击后既不会造成任何污染，也不会给己方带来什么不利的影响。所以用粒子束武器拦截在大气层内飞行的核导弹非常合适。

全天候是指粒子束武器能在各种气象条件下使用。粒子束武器和激光武器相比，虽然在许多方面差不太多，但是激光武器发射出的光子，受云雾等气象条件的影响较大，不能在复杂气象条件中作战，所以有人称激光武器是一种"晴天武器"。粒子束武器则不同，它发射出去的粒子比光子具有更大的动能。而且能够穿透云雾，因此受气象条件的影响小得多，从而具备了全天候作战的能力。这样不论在什么天气情况下，粒子束武器都可以对付大气层中的各种飞行器。

## 三、粒子束武器的种类及作战功效

根据粒子束武器的不同特点和在作战中的不同需要，粒子束武器可以有多种分类方法。

1. 按照粒子束武器系统部署的位置，可将其分为3种：（1）陆基粒子束武器，是设置在地面的粒子束武器，主要用于拦截进入大气层的洲际导弹等目标，担负保护战略导弹基地等重要目标的任务。（2）舰载粒子束武器，是设置在大型舰船上的粒子束武器，主要用于保卫舰船，使之免受反舰导弹的袭击。（3）空间粒子束武器，是设置在飞行器上的粒子束武器，主要用于对在大气层外飞行的导弹或其他空间飞行器进行拦截。

2. 按照粒子束武器的射程，可以分为4种：（1）近程粒子束武器，其射程约为1千米，在稠密大气层内使用，对瞄准跟踪系统要求低，对武

器系统的要求是体积小、重量轻、反应速度快，主要任务是自卫防空。(2) 中程粒子束武器，其射程约为5千米，要求粒子束聚焦好，并具有较精密的瞄准和跟踪系统，主要任务是用于区域性防卫。(3) 远程粒子束武器，其射程约为10千米，对这种武器的要求是束流强，具有更精确的瞄准和跟踪系统，其任务也是用于区域性防卫。(4) 超远程粒子束武器，其射程约为几百千米以上，要求具有极其强大的功率和非常精密的瞄准和跟踪系统，其主要任务是用于大气层外的空间作战，以摧毁洲际导弹和各种航天器，是一种太空武器等等。

3. 按照粒子束的性质，粒子束武器可以分为：

(1) 带电粒子束武器。如果粒子束武器发射的束流是带电的质子、电子、离子等粒子，该粒子束武器就是带电粒子束武器，其中，激光导引高能电子束武器是人们研究最多的。由于高能带电粒子束很容易以高束流脉冲群的形式产生，对目标具有极其强烈的穿透力，因而被认为是一种很有前途、杀伤力非常强的粒子束武器。但是由于库仑排斥力和地球磁场的影响，使得带电粒子束在太空中传输无法达到所需要的射程、瞄准精度和束流强度，因而带电粒子束武器不适于部署在太空。

高能电子束在大气中传输时存在两个极为严重的致命问题。一是空间电荷效应，二是地球磁场影响。我们知道，粒子束武器对束的散度和直线传输要求极高。散度过大，射束不可能把杀伤目标所必需的能量沉积到目标上去，偏离直线轨道的传播将使射束无法命中目标。因此对射束的聚焦和准直是发展粒子束武器的两项关键性技术。

大气中存在空间电荷，这是客观事实，空间电荷对电子束的排斥力必然使束的散度增大，引发束的发散。同样，地球磁场的影响也是客观存在

的。高能电子束在大气中传输必然也要受到地球磁场的作用而发生偏转，无法沿直线传输，而且地球磁场的影响比空间电荷效应更为严重。为此，人们通过多年的研究和探索才寻找到利用激光导引技术来解决上述问题。

激光导引的基本原理是，利用激光在低压气体中电离出一条通道，把高能电子束脉冲射进这个通道，使其在通道内传播。由于高能电子脉冲射进激光电离产生的等离子体通道时，会立即引起急剧的空间电荷排斥作用，将附着于等离子体不牢的电子驱逐出通道，从而形成一个离子芯体。利用这个离子芯体的静电吸引力来导引高能电子束，从而消除空间电荷和地球磁场对电子束引起的偏离。

由于采用了激光导引技术，对于电子束的控制也变得容易多了。由于高能电子束在激光产生的电离通道中传输，因此只要能够粗略地控制电子束进入精确瞄准的激光电离通道，就能够实现精确的电子束的控制。

（2）中性粒子束武器。如果粒子束武器发射的粒子束流是不带电的中性粒子，该粒子束武器就是中性粒子束武器。由于高能中性粒子束与物质的相互作用非常激烈，无法在大气层中传输，因此中性粒子束武器只适于部署在太空。

中性粒子束武器同高能带电粒子束武器相比，最大的优点便是它不受地磁场的影响，可以直线传输，只要有足够的能量就能穿透很厚的目标。因此，中性粒子束武器是一种极有发展前途的粒子束武器。

中性粒子束武器有很高的技术指标，特别是对粒子束的电流和束的发散度有极高的要求。前者是保障粒子束作用强度的指标，而后者是保障其在传输过程中保持束的集中的重要指标。一般地说，高能中性粒子束武器破坏目标结构，束的发散度应保持在0.75微弧度~1.5微弧度内；应在几百兆电子伏特下输出1库仑的等价电荷。高能中性粒子束武器达到杀伤破坏目标的能量要求

是：破坏目标的结构，如使目标材料汽化，要求在目标上沉积 1～10 焦耳/克；使电子器件失灵，要求在目标上沉积 0.01～1 焦耳/克。

当然，对于不同的粒子束、不同的破坏要求、不同的射程等，对能量、发散度等的要求也不相同。对于束能量为 100 兆～400 兆电子伏特的氢原子束来说，对目标的穿透深度可达 10～100 焦耳/克，其入射的能量密度应为 5 千焦耳/平方厘米。假设在目标上粒子束的扩散尺度为 1 米左右，那么要求束的总能量应接近 50 兆焦耳。如果射程 1000 千米，在目标上发散度为 1 米左右，那么要求束的发散角应在 1 微弧内。如果高能粒子束用于中段识别，则束的总能量要求可减少 10～1000 倍。

粒子束武器的杀伤机理是依靠粒子束与目标物质的强相互作用穿透目标，将能量沉积在目标深处以达到杀伤目标的目的。粒子束武器对各种目标的作战功效有：

1. 破坏电路。破坏电路使目标无法完成其攻击任务。所需要能量大致在 $10^{-3}$～10 焦/克之间，甚至更低。有的文献，例如美国物理学会的报告提出，使电子设备"大规模失效"所需沉积的束能为 100 焦/克。后来的研究报告说明，那是使武器部件熔化或引起高性能炸药爆炸所需沉积的能量，比破坏电路自然要高得多。

2. 破坏电子装置。破坏电子装置所需沉积的能量比破坏电路略高，大体为 0.1～10 焦/克。一般地说，沉积这么多的束能到电子装置上必然会引起导线烧断、结点熔化，造成电子装置永久性失效。这里有上限和下限，一般地说，下限（低限）对应于没有加固的电子装置，上限对应于经过加固的部件。显然，在目前导弹上的电子装置都采取加固措施的情况下，使用粒子束武器，自然要取上限值，才能有把握地达到破坏的目的。

3. 使爆炸物爆炸。推进剂大概是导弹部件中除电子装置以外最脆弱的一环，高爆炸物是加固弹头对粒子束最敏感的部件，因此，用高能粒子束使推进剂点火，使高爆炸物爆炸，是破坏导弹弹头的很有效的手段。引起高爆炸物爆炸需要在其上沉积的束能要高于破坏电子设备，大致为10～100焦/克。特别应指出的是，推进剂与爆炸物都不宜用激光武器进行破坏，因为它们都用外部结构材料进行屏蔽。但它们都易于受到粒子束武器的破坏，因为它们不像激光束那样将能量沉积于表面，而是穿透表面，将能量沉积于深处。

4. 破坏结构材料。需要沉积束能最高的一种是破坏结构材料。破坏结构材料指的是使结构材料软化或熔化。一般地说，使武器中的重金属软化需要在其上沉积100～300焦/克的束能，使结构材料熔化大致需沉积1000焦/克的束能。

当然，这里叙述的粒子束武器对各种目标的杀伤功效，虽有一定的实验作依据，但主要还是理论分析的结果，十分不可靠，因此，粒子束武器的真正本领还有待实战检验。

## 第二节　反物质武器

世界万物都是一个矛盾的构成体，都有其对立面，作为物质构成的基本粒子，也有其互为对立的另外粒子—反粒子，由它们构成了与物质相对立的反物质。

反物质武器

## 一、反物质武器的概念

世界是由物质组成的，物质是由原子组成的，而原子又由基本粒子组成。然而，基本粒子、原子和物质都有其对应的反粒子、反原子和反物质。除光子、π介子和η介子的反粒子是它们本身以外，所有的粒子都有其对应的反粒子。因此，自然界必然存在反物质（antimatter）。反物质（反粒子）又称镜像物质（粒子），它们是相对正常或普通物质而言的。像粒子束武器一样，当反粒子也作为一种武器时，又一种新式武器就诞生了，即为反物质武器。

## 二、反物质武器的原理和特点

反物质是与正常物质相反地或镜像地存在着的一类物质形态。正常物质的基本粒子和相应反物质的基本反粒子的主要同异性表现在：它们具有相同的质量、自旋和寿命；如果它们有电荷，则电荷绝对值相等且符号相反；它们均有重子数（一种量子数）或轻子数；它们都有奇异数（一种量子数），且大小相等符号相反；反粒子衰变的产物（粒子）是相应粒子衰

变产物（粒子）的反产物（反粒子），反粒子的自旋与磁矩之间的排列或反排列都与普通粒子的情况相反；它们具有大小相等符号相反的磁动量。

从理论上讲，至今发现的112种元素都存在其反物质。反物质既可以以反夸克、反介子、反超子、反μ子（μ⁺）、反电子（正电子e⁺）、反质子、反中子等形式存在，也可以以反氘核、反氚核、反氦核、反氢原子或大块的反物质乃至反星体等形式存在着。一个电子（e⁻）的电荷绝对值为e时，则正电子（e⁺）的电荷为正e，一个反质子带一值为负e的电荷，反夸克可携带正e/3或负2e/3的电荷。正电子和反核能组成反原子。若能把一个反质子和一个正电子组成反氢原子，则用此法可制造出反氢物质。

反粒子的自旋方向都是相反的，中子虽然不带电荷，但它的磁矩却不为零（负磁矩）；而反中子的南极恰是中子磁矩的北极，具有正磁矩。此外，反原子的正电子和原子的电子它们绕核的旋转方向亦相反。

如果物质是由反质子、正电子和带有正磁矩的中子构成，则这种物质就是反物质。当它与正质子、负电子和带负磁矩的中子组成的正常物质混合时，在适当条件下将发生湮没反应。所谓湮没，就是指粒子（物质）与反粒子（反物质）相互作用而生成其他粒子，并以场形式释放能量的过程。此时所释放的能量叫湮没能。正如前述，虽然正、反物质湮没，看不见了原物质，但物质并未消失，而转变成场物质。

根据爱因斯坦质能公式（$E = mc^2$），若高能粒子相碰撞后能量减少，相应地质量也必然减少，而减少的质量必然以其他形式存在；由于每种常规物质粒子的电荷和自旋守恒，因此必然产生镜像粒子。换句话说，$E = mc^2$表明在一定条件下质量的减少，必然以物质场的形式释放能量；因此，若物质（粒子）与反物质（反粒子）发生湮没时，定然产生巨大的能量。

若 1 千克的反物质与 1 千克的正常物质湮没时，将释放出 $1.8 \times 10^{17}$ J 的湮没能量，这将比同样质量铀 235 完全裂变所释放的裂变能大 130～1000 倍。可见，反物质和物质混合湮没时，才是构成世界上储能密度最高的能源。

反物质在军事上的可用性就在于对湮没能的利用上。

反物质作为武器和军事应用，是基于它与常规物质湮没时释放湮没能的四个特性：

一是"凝聚"的质量全部"逸散"成能量，因此构成世界储能密度最高的能源，将比核武器大 130～1000 倍。

二是湮没独立进行，不像原子弹那样受临界质量约束，也不像氢弹或中子弹那样需要极高的点火能量。

三是湮没反应释放能量非常迅速，所用的时间仅是核爆炸时间的万分之一，以致有人认为如此短的时间作为"炸弹"是不可能的。

四是湮没能以较轻的但能量很大的载荷体形式发射出来，即主要以 π 介子释放出；而 π 介子的能质比（能量/质量）将比裂变和聚变时相应的能质比高 2000 倍。

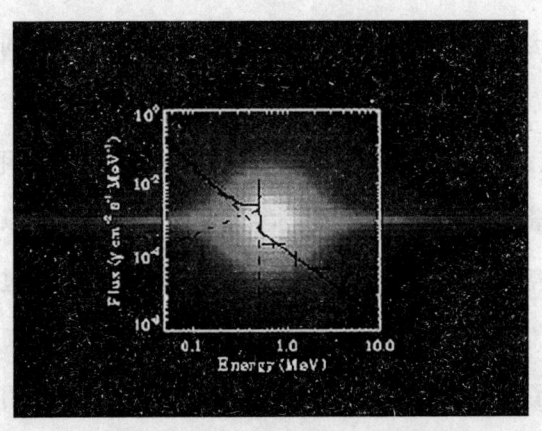

悄然登场的终极武器——反物质核武器

尽管科学家早已在理论上预言了反粒子的存在，并用实验设备成功地制造出许多反粒子，但是真正利用这些反粒子组成反物质依然需要做很大的努力。近几年在这个领域有相当大的进展。他们已制造出地球上最简单、最轻的反物质——反氢，为人类进入反物质世界创下了一个里程碑。

## 三、反物质武器的种类及作战功效

尽管前苏联的氢弹之父萨哈罗夫早在20世纪40年代就曾指出反物质作武器的光明前途；但因反物质制造技术跟不上需求，至今人们对这种武器的具体细节难以构想，乃至可否用反物质湮没原理制造"炸弹"的认识尚未统一。尽管如此，基于上述分析，仍可原则性地给出反物质在武器和军事方面的五点应用。

1. 反物质炸弹。更科学的说法应叫物质湮没弹。将来很有可能利用反物质和正常物质湮没释能的性质，制成威力比核弹大得多的反物质炸弹。这种炸弹不仅威力大，而且体积小，无放射性，是独具特色的新概念武器。

关键技术之一是如何解决使反物质（反质子）克服原子核外围的电子壳层的斥力而接近核的困难，以及克服反物质和正常物质间的等离子体层这一难逾越的障碍。

2. 改进核武器。我们已经知道，对氢弹和中子弹所用的聚变燃料，需提供点火能量使其达到高温才能发生聚变核反应；并且以往都是用小型原子弹裂变反应提供能量的，这样导致氢弹和中子弹体积过大，并存在放射性污染，不"干净"。未来，使用极少量的反物质便可点燃氢弹和中子弹，不仅加强了氢弹的威力，而且体积小，无污染。例如用1微克反氢便可代替3~5千克钚来点火氢弹。物质和反物质的湮没反应在瞬间进行，从

而提供热核聚变所需的点火能量。如果选用的压缩程度提高，就得到一种具有增强效应的氢弹；如果压缩程度减小，能得到新型中子弹的效果。在这两种情况下，核电磁脉冲效应有放射性污染效应，都比同当量的原子弹和氢弹小得多。利用反物质改善和加强核武器性能，是非常有前途的。

3. 反物质射束武器。在粒子束武器中，中性粒子（如氢原子）武器的射束粒子不带电，前进轨迹不被地球磁场所弯曲，可作为品质优良的射束武器用于军事。具体地，如果一氢原子束被加速到2千兆电子伏特的能量（相当光速的94%），它打击从敌方飞来的目标时将释放出大量的γ射线、正电子和电子，这些射线可能使目标控制系统永久失灵或逻辑混乱。如果不用氢原子束而使用反氢作射束武器，所用的反氢束流仅为氢束流的10%就能达到同样的打击效果；若再增强反氢束流，其打击目标的效果更佳。当200兆电子伏特的反氢束碰到导弹战斗部而湮没时，恰有2千兆电子伏特能量的π介子和γ射线放出；因此，可仅用1微克反氢就能做成一个全方位的中性粒子束武器。

4. 作新概念武器的高能密度能源。反物质与物质湮没时产生大量高能π介子，利用磁场将其形成高强度的π介子流，每微克反物质可产生100毫安量级的流强。通过适当的装置将π介子流引入脉冲磁流体发电机的发电通道，以此激励脉冲磁流体发电机产生强大的脉冲功率。此脉冲功率源可为电炮（电磁炮和电热炮）、强激光武器（含X和Y射线激光）、粒子束武器（含等离子体射束武器）、电磁脉冲武器（含高功率微波武器）等提供强大的能量；这些武器正苦于能源容量和储能密度不足，倘若反物质和物质的湮没能可供利用，届时将使这些武器面貌焕然一新，例如若利用埋没能，X射线激光武器的效率可提高10～1000倍。

5. 反物质火箭。反物质作为火箭推进剂，将使火箭速度得以神奇般地提高。因此，它可作为未来战略、战术导弹的火箭推进剂。届时使用这种推进剂的导弹，可用作拦截敌导弹的动能武器。将来人类在其他星球上开辟生存领域，人类星际航行和星际军事活动（运送武器或武装人员），必然提到议事日程上来。届时使用反物质作高效推进剂代替现在的化学推进剂，才能保障在有限时间内往返星际而不致老死在飞船上，而目前的化学推进剂无法在百年之内到较远的星际间旅行。

毋庸置疑，反物质作为新兴的科学技术正在蓬勃发展。向来，人们被时代和传统观念所局限的思维认为不可能的事情，几乎全被后来的科学技术进步所制造出来。反物质和其他新概念武器一样，在今天看来似乎难以实现，将来必然为进步的科学所制造出来，而且时间不会长久。1996年1月，欧洲核子研究中心，克服"像在火炉中制造雪花"那样的困难，制造出九个反氢原子，这是前所未有的创举；1996年11月22日，设在伊利诺州马达维亚的费米国家加速器实验室宣布，他们也制造出七个反氢原子。这些成就再次证明，如果技术有进一步改进，大量生产反物质原子将是可能的。费米实验室的成就更有意义，因为它的加速器在生产成千上万的反氢原子方面的潜力更大。终究会有一天，人类能制造出大量的反物质，并把它们用于推动科学技术发展和制作反物质新概念武器。

# 第四章 高速"碰碰车"——动能武器

随着战争形态进入信息化时代，传统战争等级之间的界限变得模糊不清，发达后的工业社会之间的大多数主要战争冲突可能会部分或主要发生在空间或信息空间内。作为世界军事头号强国的美军，在外层空间作战的战略构想中最核心的系统之一是全球面打击系统。动能武器是打击能力的重要组成部分。

许多人都在游乐场里玩过碰碰车，在相互碰撞中体验着碰碰车带来的欢乐。然而，如果把这些碰碰车的速度提高到一个非常惊人的速度，那将是非常可怕的，相互的碰撞会让它们产生爆炸而变得灰飞烟灭。动能武器，正是这样高速飞行的"碰碰车"。

# 第一节 动能武器的概念

亚瑟王是传说中的英国古代历史人物，曾联合不列颠各部落人民抵抗过撒克逊人的入侵。民间传说亚瑟王从几十个勇士搬不动的大石下取出一把宝剑，他用这把宝剑打败了许多敌人。未来战争中的"亚瑟王之剑"在哪里呢？

美国波音公司正在研制的反卫星动能武器，可以通过发射高速运动的弹头摧毁目标

有人设想几十年以后，如果一个国家决定制止一个危险的独裁者，将不必用某种十分先进的武器，而是从 400 千米的高空将一条很小的铁撬棍投向他的宅邸。当撬棍击中宅邸，其飞行速度为每秒钟 3 千米。这座建筑物和其中的人全都汽化了。这就是动能武器神奇的威力。

1987 年 9 月 27 日，美国一架 B-1 型轰炸机突然坠毁。事故检查

中发现、飞机失事原因是被一只重约6.8千克的白鹈鹕鸟撞击所致。为什么一只几千克重的鸟能有如此巨大的撞击力？白鹈鹕鸟的重量不大，飞行速度也有限，要撞毁一架静止的飞机是绝不可能的。但是，当它与以每小时近千千米的速度飞行的轰炸机迎面相撞时，其相对速度就变得非常之大，其动能也变得非常之大，小小的鹈鹕鸟就如同一颗高速飞行的弹丸，可以撞毁飞机的任何部位，并带来毁灭性的破坏。动能武器就是基于这一原理发明的。

传统的火炮是一种较古老的兵器，它是靠火药的燃气压力将炮弹加速的，它虽然威力大，但由于射程短、发射源性能不好等，因而在现代战场上境遇不佳。为了充分发挥常规火炮的独特优势，有关军事专家对火炮各种新的发射能源进行了广泛的研究与探索。于是一种新武器—动能武器便诞生了。

所谓动能武器，简言之就是能发射出超高速运动的具有强大动能的弹头，通过直接碰撞（而不是通过常规弹头或核弹头的爆炸）方式摧毁目标的武器装置。

## 第二节 动能武器的原理和特点

动能武器由推进系统、弹头（弹丸）、探测器（传感器）、制导与控制系统等部分组成。推进系统提供将弹头加速到超高速所需要的动力，可采用火炮、火箭和电磁场加速装置作为推进系统；弹头是动能武器的有效战斗部，是用金属材料或高分子塑料制成的刚体；传感器用于对目标的探

测、识别和跟踪，常使用红外传感；制导与控制系统用以确保成功地进行寻的与拦截，制导与控制系统一般由寻的器、惯性测量装置、计算机、方向和姿态控制器、通信设备、能源设备等组成。

并不是只有爆炸才有杀伤性，动能武器是以其巨大的动能来摧毁目标的。动能的致命能力，是由伟大的物理学家凯尔文勋爵于19世纪50年代首先计算出来的。据他演示，撞击所产生的能量总是等于移动物体的质量乘其速度平方和的一半，即 $E=\frac{1}{2}mv^2$，式中 $m$ 表示物体质量，$v$ 表示物体运动速度。可见，如果确定摧毁目标所要求的能量值 $E$，相应地选择适当的弹头质量 $m$ 和速度 $v$，就可以使动能武器具有足够的威力。

例如，想象一下都以每小时200千米的速度行进的、总重量为800吨的两辆火车之间发生一次正面对撞。撞击将引起相当于13吨梯恩梯的爆炸。

在动能武器用于拦截洲际弹道导弹的情况下，由于目标本身以很高的速度在运动，进行拦截的动能弹头只要有一定的速度就能使之与目标碰撞时达到极高的相对速度。

动能弹头与目标碰撞时是怎样将目标摧毁的呢？1984年以来，美国科学家进行了一系列动能武器杀伤试验，其中有的试验对动能武器的杀伤机理进行了研究，例如1986年9月5日所进行的代号为德尔—180的试验就如此。试验所获得的结果表明，在太空中两个目标（即进攻武器和拦截器）碰撞后，后者是被穿过双方结构运动的超速激波所摧毁的，不是两个目标在整个实体完全接触时才毁坏。两个目标刚一接触便产生一种超速激波，该激波迅速穿过两个目标的结构传播。在两个目标尚未完全接触之前，超速激波就已将它们粉碎，而且瞬间形成两组碎片云，进入以各自母体原来的轨道为中心

的完全不同的轨道，此后碎片云随即散开。研究发现，两个目标的动能几乎全部传给了碎片，几乎没有什么动能消耗在使目标结构破裂上。

长期研究动能武器的劳伦斯·利弗莫尔实验室的著名物理学家劳韦尔·伍德指出，从理论上讲，用一个十几克重的物体，以10千米/秒的速度与洲际导弹相碰到底会产生多大的破坏力？这种碰撞怎样把普通的结构材料挤压得密度远大于铅，同时瞬间使这些材料的温度上升到数倍于太阳表面的温度？伍德认为至今并不清楚，需要进一步研究。

与以光速传输的定向能武器相比，动能武器优点明显：一是毁伤能力强，毁伤目标的效果容易判定，目标难以采取加固对抗措施；二是作战使用时不像地基定向能武器那样易受气象条件限制；三是机动灵活，部署方式多样；四是技术相对比较简单和成熟，价格低廉，并可用于某些常规武器。

缺点是，动能武器受推进能力的限制，飞行速度远低于光速，作战距离有限。尽管如此，动能武器仍被广泛视为一种极有发展前途的新概念武器，受到了各国军方的重视，至今已研制开发的动能武器就有十几种之多，其中研究较多的主要有动能拦截导弹、电磁炮和电热炮。

## 第三节 动能武器的种类及作战功效

动能武器按照部署方式不同，可分为天基动能武器、地基动能武器、空基动能武器、海基动能武器4类。按获得功能来源的不同形式，又可以分为动能拦截弹、电磁炮和群射火箭等。以下介绍几种已研制开发的动能武器。

## 1. 火炮动能弹

火炮都有炮筒或炮管，军事上叫炮身。没有炮身，炮弹怎么能发射出去呢？不错，自从人类发明火药以来，几乎所有的枪、炮都是靠火药爆炸产生的冲力推动子弹、炮弹前进的。我们可以分析一下，炮弹发射出去、高速飞向目标需要具备什么条件？简单地说，一要有力量，二要把握方向。火药可以产生力量，炮身可以把握弹丸的方向。火炮种类繁多，有加农炮、榴弹炮、迫击炮、无后坐力炮等等，无论什么炮都离不开炮身。从原理上讲，常规火炮可以作为动能武器使用（发射非爆炸性弹头）。在火炮中，最大弹丸速度主要取决于火药燃气分子的速度，即可达到2～3千米/秒。从上述讨论中可知，弹头达到这一速度的火炮可安装在作战平台上用于中段拦截。但基于以下原因，将火炮用于天基系统防御作用不大：

第一，火炮燃气压力作用在弹头上的时间很短，弹头的速度、射程均有限，这使得火炮的杀伤半径小，仅适用于进行短程拦截。

第二，火炮安装在作战平台上，发射时存在后坐力补偿问题，需要消耗燃料供稳定系统和导航使用，从而减慢了发射速率。

## 2. 火箭动能弹

首先让我们领略一下无头火箭的风采。

请看一组试验的慢镜头。战场上，几辆坦克咆哮前进，扬起一道道烟尘，犹如进入无可阻挡之地。殊不知，无头火箭迎了上来，它用弹体上的穿甲杆攻破了似乎坚不可摧的装甲钢板，一辆辆坦克瘫痪了，刚才的神气劲儿不知到哪儿去了。从慢镜头中可以看出，无头火箭攻击目标靠的是超高速的速度来推动弹体的穿甲杆去穿透坦克的坚硬防护外壳。它的穿甲杆的穿透力极强，可在400米距离上穿透100多厘米厚的装甲。

无头火箭的飞行速度特别快，比现有其他的机载反坦克导弹快出若干倍，每秒钟可达1524米，4公里以外的装置目标，只需3秒钟就可击毁。

这也说明，它的准确性极高，要攻击什么位置上的目标，准能达到目的。这是因为，它装有精确的激光制导系统，不受气候和战场上硝烟、迷雾的干扰，不达目标誓不罢休，哪怕操作手一时疏忽，攻击时偏离目标几十米甚至上百米，制导器仍能引导无头火箭准确地攻击目标。

由于这种火箭不需装载弹药，所以它轻巧，重量是现有的其他反坦克导弹的若干分之一，这种正在研制的无头火箭直径小到仅10厘米，一架军用F—16战斗机能载160多枚。这种无头火箭是谁研制的呢？是美国林—特姆科—沃特导弹与电子公司研制的。目前正在进一步研制，在不远的将来将成批生产，装备部队。

美国人准备部署的动能武器目前都采用火箭加速，因此亦称之为超高速火箭动能武器。

火箭是依靠化学燃料燃烧产生的喷气推进加速的，用俄罗斯科学家齐奥尔科夫斯基推导出的单级火箭速度增量公式计算可知：使1千克的弹头获得10千米/秒的速度，火箭重量需达100千克。不仅如此，美国人做过的大量实验证明，要使弹头的末速度提高2千米/秒，火箭的质量要增加1倍。因此，美国人取6千米/秒作为动能拦截弹速度的优化值。

尽管火箭技术比较成熟，制造超高速火箭动能弹技术上已没有障碍，但如何根据拦截的需要，选择优化、合理的拦截弹速度，使能量利用率保持在适当水平，仍是值得工程技术人员研究的课题。

美国人选定超高速火箭动能拦截弹作为"星球大战"第一阶段部署的武器系统，有以下三个理由：

首先，火箭系统的有效加速度虽然较低，但加速时间长，完全可以达到摧毁拦截目标所需要的拦截速度和作战半径。

其次，火箭系统的线型尺寸小、重量轻，非常适合于天基部署，而且其适中的弹头质量便于对之进行制导与控制。

再次，火箭系统虽然存在火箭质量随速度增大而增大的限制，但实验表明，为了实现拦截，并不要求动能弹的速度无限制地增大，因而火箭系统的质量仍然远小于火炮系统和电磁系统的质量。特别是，若采用天基部署，火箭系统可利用动能弹载体已具备的轨道速度，这更使得火箭质量随速度增大而增加的限制非常有限。

尽管火箭系统比较优越，技术上也比较成熟，实现起来也比较容易，但也存在若干严重问题，如制导控制问题、小型化问题、降低成本问题等等。此外，火箭系统的动能拦截弹如在大气层使用，将会因空气阻力等而引起一系列问题，这使得这类动能武器主要用于大气层外的防御。

3. 电热式动能弹

电热式动能弹亦称电热炮。电热炮不是靠电磁力发射炮弹，而是靠电热化学的方法推动弹丸。发射时，电流通入一种液体里，激发液体起化学反应，产生巨大的能量。电热炮也有多种结构形式，最简单的一种是采用一般的炮管，管内设置有接到等离子体燃烧器上的电极，燃烧器安装在炮后膛的末端。当等离子体燃烧器两电极间被加上高压时，会产生一道电弧，使放在两电极间的等离子体生成材料（如聚乙烯）蒸发。蒸发后的材料变成过热的高压等离子体，使弹丸加速。

电热炮也像液体发射药火炮一样，弹丸离开炮口时，能量大、射程远、速度非常高。从1945年以来，陆续有人进行电热炮的实验研究，以色

列研究的电热炮，弹丸的速度达到了每秒 4 千米。前苏联也曾研究出一种能射出钨或钼等重金属粒子流的"炮"，粒子流在空气中的速度约 25 千米/秒，在真空中大于 60 千米/秒。前苏联时期就可能部署了一种用于保护卫星或航天站的近程天基动能武器。

4. 超级电磁炮

科学家通过对常规动力枪炮的分析表明，它们很可能已达到了性能的极限，炮口初速已接近物理和技术极限，射程也不可能更远，原因是火药燃气压力作用在弹丸上的时间很短。但在利用电磁场作用力的电磁系统中，其作用时间可能长得多，从而可以提高弹丸的速度和射程。这就是电磁炮技术引起人们兴趣的主要原因。

19 世纪，科学家们发现在磁场中带电粒子或载流导体会受到力的作用，这个力被称为"洛伦兹力"。后来，科学家们提出了利用"洛伦兹力"发射炮弹的设想。

电磁炮是一种通过电磁场加速或电能加热加速的动能武器系统。利用电磁场，电能使"炮弹"加速的过程是：当强电流进入加速器后，立即在两根导轨间形成强大的磁场，从而产生"洛伦兹力"，将预先放在两根导轨间的"炮弹"发射出去。

从 80 年代初期以来，电磁炮在未来武器系统的发展计划中已成为越来越重要的部分。电磁炮的发展大概应该以 1937 年普林斯顿大学诺思厄普教授的实验为起点。诺思厄普教授在实验中成功地用电磁力发射了一个抛射体，从理论和技术上证实了电磁炮的可行性。第二次世界大战中、德国曾秘密地研制电磁炮。二次大战后，美国也对电磁炮进行了系统的实验。但由于当时缺乏理想的动力设备，以及受技术能

力的限制，因而在相当长的时间内电磁炮的研究工作进展缓慢，甚至一度得出"电磁炮根本行不通"的悲观结论，将电磁炮打入冷宫。直到1978年，电磁炮的研究才出现了转机。澳大利亚国立大学的马歇尔等人，利用单极发电机做能源，在实验中把3克重的弹丸加速到5～9千米/秒。这一突破性的进展使科学家大为振奋。此后不久，美国洛斯·阿拉莫斯实验室和劳伦斯·利弗莫尔实验室，用磁通压缩机将聚碳酸酯制作的小型抛射体以5千米/秒的初速发射出去。1982年西屋公司研究与发展中心利用15兆焦耳的单极发电机将317克的弹丸以4.2千米/秒的速度发射出去，证明了电磁炮不仅能加速几克重的弹丸，而且能发射大尺寸的弹丸，为坦克使用电磁炮提供了可能性。

电磁炮一改传统的火药发射而利用电能发射炮弹，靠直接撞击的动能毁伤目标，与现有的火炮相比，电磁炮具有许多优点。

首先是弹丸的初速高。和普通火炮相比，它的射速快。实验表明，其弹丸速度可达每秒4～6千米，在高空可达每秒50千米以上，而常规火炮炮弹速度为每秒1.5千米，战术导弹为每秒0.3～3千米，战略导弹最大速度为每秒7千米，天基拦截导弹为每秒7千米。所以它能在短时间内追击飞机、导弹、卫星等高速飞行器，并可产生很大的破坏能量。

其次是弹丸在加速过程中受到的推力是均匀的，因而提高了弹丸的稳定性，精密制导部件也不易被损坏。

第三，电磁炮发射时没有冲击波、火焰、硝烟和巨大的声响，不产生有害气体，因而射击隐蔽性好，不易暴露目标，敌人难以发现。

第四，弹丸和轨道的形状不受限制，可以设计成使弹丸飞行阻力为最小的形状。

第五，可以通过调节发射能量，来改变弹丸的射程。普通火炮靠抬高或降低炮身，增加或减少火药来调整射程远近，操纵复杂，费时费力。而电磁炮只要控制输入加速器中电流的大小就行了，方法简便易行。如果电磁炮以常规火炮那样的初速发射较大的弹丸，那么就可以发射精密制导炮弹。

第六，弹丸的尺寸和质量都比较小，使装弹比较容易，而且发射后不必退壳。这都有利于提高火炮的威力。在坦克上安装能以3000米/秒的初速发射穿甲弹的电磁炮，其防御和进攻能力可以提高4倍。

此外，利用电磁发射原理，可以制作无人驾驶飞机和滑翔飞行器的弹射装置。一个结构紧凑的电磁弹射装置。用很少的能量，就能在战场上隐蔽地将飞行器发射到空中。

电磁炮的主要问题是：发展电磁炮是一项技术难度相当高的研究工作，从原理上看，以导轨炮为代表的电磁炮可以达到极高的速度、足够远的射程。但至今一些技术问题仍没有彻底解决，因而电磁炮还不能进入实用阶段，但是电磁炮的发展和应用前景是相当诱人的。主要基于以下两方面的问题，使得导轨炮难以用作作战武器：一是为使弹丸达到所要求的加速度和速度值，并具有足够大的动能（因为弹丸的质量也不能太小），整个系统的线性尺寸长、重量大，总重量要达数行吨。如此笨重的装置难以部署，特别是要部署在作战平台上十分困难；即使能顺利部署，线性尺寸长达200米左右的庞大系统本身的安全问题也难以保证。同时，如此笨重的系统在射击中要进行反冲补偿修正，这给更新瞄准带来困难，因而系统的发射率低，不能满足样截要求。

二是电磁炮发射时需要超级的电能贮存装置，该装置必须能提供

## 军事小天才
*Jun Shi Xiao Tian Cai*

百万千瓦级的功率和百万安培级的电流。提供这样强大电流的设备要两间房子那么大。从60年代开始，澳大利亚、美国、前苏联和日本等国的科学家一直在研究如何制造出这种重量大、能耗高的电源装置，但未取得理想的结果。

随着新技术、新材料的不断发展，电磁炮的研究取得了不少实质性的进展，引起了各国政府和军方的关注。如美国在1980年和1989年两次组织电磁技术讨论会，美国星球大战计划也把电磁炮作为天基反导系统的主要备选方案，研究费用从1979年的100万美元猛增至1987年的2亿美元。美国原计划近期内战术应用的电磁炮将进入全面的工程发展阶段，在2000年后开始部署，并对用于战略防御的电磁炮进行全面评估。俄罗斯、英国、澳大利亚、日本等国也都在积极开展电磁炮的研究工作。

1987午美国陆军、空军和国防部提出将电磁炮计划列入美国"星球大战"计划，用于对战略进攻的防御。到目前为止，电磁炮速度已从开始每秒680米提高到1.7千米，1984年12月发射的一个80克的弹头，速度在每秒6~10千米之间。美国目前正在研制的7.5米长的电磁炮，可装在长机上作为航炮，也可作为地面防空武器；美国海军还想把电磁炮装在大型水面舰艇上，以代替现在的密集阵火炮，在远距离拦截反舰导弹或带核弹头的其他反舰武器。可以设想，如果将电磁炮装在空间平台或地面上，也可拦截弹道导弹。

实验表明，电磁发射的小型炮弹，只要速度到达每秒10~20千米，把它投送到2000千米以外目标，单位面积上的能量比强激光、高能粒子束、$x$射线激光、2.5万吨级核弹头投送的能量还要大。

近年来，随着超导技术的迅速发展，电磁炮的研究取得了重大进展。可以预料，随着现代科技的突飞猛进，电磁炮用于实战指日可待。

## 第五章　指哪打哪——激光武器

人们很早就幻想用光作武器。1960年，随着世界上第一台激光器的出现，幻想成为了可能。尽管最初的激光器功率很小，还不能作为武器使用，但许多科幻作家从激光独特的性能中似乎领悟到它有朝一日终能成为武器，并把它描绘成无坚不摧的"死光"，读过这类科幻作品的人肯定对它不会陌生。由于作家们对"死光"绘声绘色的描述，给激光武器加上了一层神秘的色彩。

然而幻想终究是幻想，它与实际还是有一定的差距，目前的激光武器其威力远非作品中描绘的那样神乎其神，它的应用也才刚刚起步。那么激光武器到底是一种什么样的武器？现在发展到什么程度？威力有多大？还是让我们揭开它神秘的面纱，去看个究竟吧。

# 第一节　激光武器的概念

很久以前，人们就幻想着用光作武器，并为此编造了许多寄托人们理想的神话故事。例如，古希腊神话中就有法术无边、大慈大悲的"太阳神"阿波罗，他手举万道金光，横扫妖魔鬼怪，为世间百姓除害的事。相传公元前3世纪，西方还流传希腊著名科学家阿基米德的一段精彩故事。一天，罗马战船大举进犯，年迈的阿基米德让许多身强力壮的青年士兵手持大型凹面聚光镜，把太阳光汇集到来犯的战船上，神奇般地将罗马战船统统烧毁。莫名其妙的罗马军队丢盔弃甲，狼狈而逃。又相传18世纪有位法国人做了一架光枪，由168块反射镜构成，能把50米外的松木"击中"起火。

我国也有许多关于用光做武器的神话和传说。相传我国古代有一种称为"女娲玄明镜"的光武器，厉害无比，它与太阳光一对，照到哪里，哪里就起火，无法抵挡。又如，在《封神演义》中有这样一段故事：一次姜子牙捉到一只得道成精的白猿，用一般的刀剑去砍它的头，总是砍了又长。姜子牙随即拿出一个红葫芦，揭开葫芦盖，只见一道白光冲天而出，刹那间，鲜血四溅，白猿之头落地。讲得真是活灵活现，引人入胜。

而对于科学家来说，有关光武器的幻想，更具有极大的诱惑力，尤其是本世纪初，用光烧毁或爆炸远距离目标的想法更加使人着迷。他们设想了各种各样的方案，并展开大量的研究。据说，在第二次世界大战期间，

纳粹德国曾进行过研究。

他们利用一种装置产生的光，曾杀死了一只9米远的兔子。不过这种装置非常庞大，能足足装满一间房子，效率也极低，而且还需要一个中型变电所保障其供电，因此，它不可能作为武器在战场上使用。不过科学家仍在不懈地努力，特别是在二战结束以后的美苏两国，循着德国人研究的路子，在实验室里展开竞争，谁都想抢先获得研究成果。

经过十余年的努力，终于功夫不负有心人。1960年，美国的哥伦比亚大学和前苏联的列别捷夫物理研究所，几乎同时研制出了激光器。他们从激光的奇异特性中进一步肯定了激光武器的巨大潜能，而且立即着手把激光用于反卫星、反弹道导弹的研究。于是，激光武器迅速地发展起来。

目前，激光武器作为一种全新的武器，已受到了世界各国的广泛关注。美军认为，高能激光武器像原子弹一样，具有使传统武器系统发生革命性变化的潜力，并可能改变战争的概念和战术。目前，激光器的功率在不断提高，现已达到千兆瓦级，各式激光制盲武器已基本成形，小巧玲珑的激光枪已初露锋芒；能使高速飞行的反坦克导弹凌空"开花"的激光炮，也已宣告试验成功。各种机载、舰载、星载等防空或反卫星激光武器正在加紧研制之中。人类向往已久的"光"武器正一步步由幻想变成现实。引用现代火箭技术的先驱者罗伯特·戈达德讲过的一段话："很难说什么是办不到的事情，因为昨天的梦想，可以是今天的希望，并且还可成为明天的现实。"

什么是激光武器呢？简单地说，激光武器是利用激光束的能量攻击目标，直接杀伤、破坏目标或使之丧失作战效能的武器。它既可以直接令人员致盲或致死，也可以干扰或摧毁敌人的武器装备。由于激光武器杀伤破

坏目标的能量是激光束，人们也把激光武器称为"束光武器"，又由于激光束对目标具有令人生畏的毁伤破坏能力，人们又称其为"死光武器"。

## 第二节　激光武器的原理和特点

激光是一种人造光，产生于20世纪60年代，是上世纪重大发明之一。激光的曾用名是"莱塞"，别名"镭射"，是英文缩写词LASER的音译。该词的5个字母分别为光（Light）、放大（Amplification）、受激（Stimulated）、发射（Emission）和辐射（Radiation）的字头，这揭示了激光的物理本质，即光的受激辐射放大。1964年10月，我国著名的科学家钱学森教授致函《受激光发射译文集》（即现《国外激光》）编辑部，建议将"光受激发射"改为"激光"。当年12月，在上海召开的全国第三次激光学术报告会上，由当时科学院技术部的严济慈主任主持，经过大家的讨论，正式采纳了钱教授的建议，把"LASER"的译名统一称为"激光"。就这样，"激光"一词迅速得到了社会的承认，一直沿用至今。台、港、澳等地仍然使用着音译词"镭射"。

说起激光的发展史可以追溯到1916年，著名科学家爱因斯坦首先提出了光的受激辐射理论，为激光的发明奠定了理论基础。但受当时的科学技术水平所限，激光不可能超越时代的需求而被凭空发明出来。到了20世纪50年代，光学技术和微波无线电技术得到迅速发展，迫切地需要一种像无线电波振荡器一样，能产生可控制光波的振荡器，也就是今天所说的激光

器，使光波能像无线电波一样为人类服务。当时的难点是寻找合适的物质，使之产生受激辐射并实现光放大。

美国体斯公司实验室的一位从事红宝石材料研究的年轻科学家，敏锐而大胆地抓住了机会，使用今天看来比较简单的办法，终于在1960年7月发明了世界上第一台红宝石激光器。从此，光家族的新秀——激光问世了。

激光和普通光在本质上是一样的，孕育和产生它们的"母亲"就是物质中分子、原子和电子的无休止的运动。这种运动以光子的特殊形式释放出的能量，就是光。但激光又是一种奇特的光，它的发光机理与普通光完全不同。为了说明激光是怎样产生的，我们先说说普通光的发光形式。

大家知道，自然界中千变万化的物质都是由原子组成，而原子又是由原子核和绕原子核不停转动的电子组成。电子的轨道有内层和外层之分。内层轨道离原子核近，核引力小，相对应的电子的能量低，称之为低能级，这种状态比较稳定；外层轨道离原子核远，核引力大，所对应的电子能量高，称为高能级，比较不稳定。在正常情况下，多数电子都居于低能级，只有少数在高能级，而且能级越高（外层轨道），电子数也越少，其基本呈"金字塔"分布，这是原子核引力作用的结果。当外界向原子提供能量时，原子中的电子就会从低能级的轨道跳到某一高能级的轨道上去运动。处于高能级轨道上的电子是不稳定的，它们只能停留极短暂的时间（约亿分之一秒），然后立即向低能级跃迁，就如同物体总是往低处落，水总是向低处流一样。伴随着电子跃迁所发出的光，就是我们常见的普通光（电灯光、太阳光）。普通光都是物质的自身热运动施放的，不需要外来激发，因此，人们通常把这种发光形式叫自发辐射。

激光的发光形式与普通光就大不相同了，它必须用外来光或电进行激

发，使低能级上的电子纷纷跳到高能级上；当高能级上的电子数大于低能级上的电子数时，便会出现反常分布，即反"金字塔"式分布。人们把这称为电子数反转，这是产生激光的关键一步。集中在高能级上的众多电子，在外来光或电的激发下，会同时释放光子，并跳回到低能级上来，像瀑布一样飞流直下，闪烁若繁星。众光子经过特殊的装置——光学谐振腔巧妙地定向、放大，可反复不断地激发工作物质，使其电子数总处于反转分布的最佳状态，一束罕见的强光——激光就喷射而出了。显然，这种光是受外因激发并放大的光，因而人们把它称为激光。

激光之所以能成为武器，主要是由于它本身具有的特性决定的。激光主要有四个特性，即亮度高、方向性强、单色性及相干性好。但真正能直接作为武器用的，主要是高亮度这一特性。

世界上什么光最亮？也许有人会说，太阳最亮。其实氙灯的出现，它的亮度就已经赶上了太阳，有"小太阳"之称。但激光比它们亮得多。一支输出功率仅为1毫瓦的氦氖激光器的亮度，就比太阳高100倍。而大功率激光器输出的激光亮度，要比太阳高上百亿倍。迄今为止，只有氢弹爆炸瞬间的强烈闪光，才能勉强与之相比。

激光为什么会有这么高的亮度呢？除了它产生的原理与众不同外，再就是它的发光角小，只是普通光源的几百万分之一，这就使能量在空间上高度集中，从而极大地提高了亮度。另外激光器在发光的时间上再进行高度集中，即把一秒钟内所发出的能量，集中在百万分之一秒、甚至十亿分之一秒的瞬间内发射出去，使激光功率增大到相当惊人的程度。光能量在时间上的高度集中，从而也就提高了亮度。

可见，激光的亮度高，是由于能量在空间和时间上高度集中的结果。

而正是由于这一特性，使它具备无坚不摧的巨大威力。它能产生几百万度的高温，同时还会产生几百万个大气压。高温、高压双管齐下，能将最难熔化的金属、非金属材料顷刻变成一缕青烟。试验证明，只用中等强度（几万至上百万瓦）的激光，就可以对金刚石、宝石、陶瓷……进行打孔；对各种金属材料、晶体、纸张、布毛料、厚石英及有机玻璃等进行切割和焊接；要是把高强度的（几万千瓦到上百万千瓦）的激光束会聚起来，将能击穿、烧毁世界上现有的一切武器。激光武器主要就是利用这一特性。

除了高亮度这一特性外，激光其他三个特性，在军事上也有着极为重要的用途。

激光是当今世界上方向性最好的光，它几乎是一束平行的细线，发散角极小。据估计，激光射向距离我们384000千米的月球，在月球表面上的光斑直径不超过2千米。而如果用方向性最好的探照灯，即使光线"长途跋涉"到达月球，其光斑直径至少有几百千米。激光的这一特性，在现代军事上具有独特的用途，并已经在现代战争中发挥了巨大作用。例如，利用这一特性对武器制导，精度极高。目前已经研制成功的激光制导武器有激光制导炸弹、空地导弹、地空导弹、反坦克导弹、炮弹等。美国的激光制导炸弹，70年代在越南战场使用，曾用20枚炸弹成功地摧毁了17座桥梁，取得了意想不到的效果。其误差在1米左右，比普通炸弹精度高上百倍。激光制导的"铜斑蛇"炮弹，命中精度为0.3~1米。在1991年初的海湾战争中，激光制导武器攻击军事设施、桥梁等目标，几乎百发百中，取得极佳的战果。又如利用激光瞄准，就可指哪打哪，百发百中。利用激光的高方向性，在军事上还可以实施激光"警卫"。

激光具有极好的单色性，是颜色最纯的光源。雨后复斜阳，彩虹架长

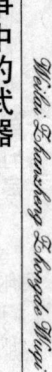

空，这是我们常见的自然现象。因为太阳光不是一种单色光而是复合光，它包含所有可见光的波长，也就包括世界上所有的颜色，通常说的红、橙、黄、绿、青、蓝、紫七种颜色只是概略的划分，还可细分为成百种甚至更多的颜色，只是由于人眼分辨颜色的能力有限，难以区分更多的颜色。如通常所说的红光，就包含了0.63微米~0.76微米范围内各个波长的光，严格地说它不是单色光。光的波长范围越窄，光的颜色就越纯，即称单色性好。通常规定波长范围小于十亿分之几米（10~10米）的光，为单色光。激光的出现，在光的单色性上引起一次大飞跃。如单色性较好的氦氖激光，它的波长范围只有10~9纳米（10~18米），单色性比普通光要好几亿倍。这个非同寻常的特性，决定了激光在精密测量上可以大展"才干"。用激光来测量，测量几十米的长度，误差仅为0.1微米。用激光测量地球与月亮的距离，其误差不到1米。激光测量在军事上应用十分广泛，如炮兵观察用的激光测距仪，可以准确测定目标距离；又如侦察卫星或飞机上装备的测高计，可以从高空中辨别出地面上凹凸不平的公路、树木、机场上的跑道，甚至海浪起伏等，其测量精度可达百分之一米，比普通光测计精度起码提高几百到上千倍。

激光还具有极好的相干性。所谓相干，就是同一光源发出的光通过两平行的狭缝时，若两个狭缝运出的光波相互抵消，在光屏上就产生暗条纹；当两个光波相互加强时，在光屏上就产生亮条纹，结果便形成一组明暗相间的干涉条纹。这个光源称为相干光源，所发出的光称为相干光。普通光源发出的光，在频率、相位和传播方向上是各不相同的，不会产生稳定的干涉现象，因此是非相干光。而激光来源于受激辐射，大量的光子彼此具有相同的相位。犹如一队排列整齐、步调一致的队伍，因此，激光具

有比普通光更好的相干性。利用激光的相干性，可以为军事侦察提供更好的照片。如利用相干性原理制成的激光全息照相，不仅逼真、生动，而且立体感强，分辨率高，照片特别易于判读。据说美国利用军事侦察卫星在越南上空拍下的激光照片，就能清晰地看出地面上的房屋、工事、车辆、树木及许多细小的东西。

激光武器究竟是一种什么样的武器？是由什么组成呢？激光武器，一般由大功率的激光器、目标跟踪引导系统、指挥控制中心及电源等部分组成。

大功率的激光器，是激光武器的基本部分。目前已报道的激光器的最高输出功率为：连续波型 40 万瓦，脉冲型 10 万瓦，脉冲宽度为纳秒级。人们把脉冲能量大于 1 焦或平均功率为 2 万瓦的激光武器称强激光武器或高能激光武器。它以最大的光能迅速准确地摧毁目标，如把目标表面熔化、破坏结构部件、引起目标燃烧、将生物和人烧成灰烬等。因此，激光波束的跟踪瞄准，精确地引导波束射向目标是非常重要的。

目标跟踪系统将对目标的位置和速度进行精确的测定，保证不丢失目标；而引导系统将激光束准确地引向目标，稳而准地打击目标。如激光射束的能量以光速精确地沿跟踪器的瞄准轴传输，那么瞄准轴的方向就是激光射束的引导方向。

对于快速飞行目标（导弹弹头、航天武器等），在击毁目标前必须预先计算出命中点，而命中点计算不精确是一般防御武器命中精度不高的主要原因之一。当目标是一个机动飞行器，这问题就更为突出。如果传输是由反射镜快速而精确地完成，瞄准系统本身的引导精度就可以解决，这时引导精度仅依赖命中点的计算精度。目前机载激光武器的跟踪精度可达万分之几度。

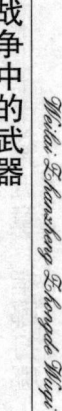

激光武器的杀伤破坏原理，与激光的功率密度、输出波形、波长等激光本身的因素以及目标的材料性质（简称靶材）有关。激光与目标相互作用时，会产生不同的杀伤破坏效应。概括起来说，激光武器的杀伤破坏效应主要有如下三种：

1. 烧蚀效应。一束强激光照射在目标上，部分能量被靶材吸收后转化为热能，使靶材表面迅速汽化，强大的蒸汽高速向外膨胀，同时可将一部分液滴甚至固态颗粒带出，从而使靶材表面形成凹坑或穿孔。这种烧蚀作用是激光对目标的基本破坏形式。如果激光参数选择得合适，激光束在使靶材汽化的同时，还能使靶材深部温度高于表面温度，这时内部的过热材料由于高温而迅速产生高压，发生热爆炸，使穿孔的效率更高。

2. 激波效应。激波是指气流中的强压缩波。超音速运动的物体，会压缩前方的气流，形成一个压力、温度和密度突然升高、流速突然减慢的波面，这个波面就称为激波。当靶材蒸汽向外喷射时，在极短时间内给靶材以反冲作用，相当于一个脉冲载荷作用到靶材表面，于是在固态材料中形成激波。激波传播到靶材背面，会产生强大的反射。这样一来，外表面的激光与内表面的激波同时对靶材前后夹击，立即拉断靶材，造成层裂破坏。而裂片飞出时也有一定的动能，这也有一定的杀伤破坏能力。

3. 辐射效应。靶材表面固体汽化而形成等离子体云，等离子体云大量地吞噬激光能量，一方面对激光起到屏蔽作用，另一方面又能够辐射出紫外线甚至 x 射线，造成靶材结构及其内部的电子、光电元器件损伤。这种紫外线或 x 射线比激光直接照射引起的破坏更为有效。它们可以对激光武器的杀伤起到推波助澜的作用。

说一千，道一万，激光武器与常规武器相比到底好在哪呢？

一是"零"飞行时间，精度高。普通的炮弹或导弹射击目标时，根据弹丸或导弹飞行的弹道规律，先用雷达进行测量，再利用指挥仪中的计算机快速求出提前量，待一切就绪之后，还要等距离适宜，方能开火或发射导弹，否则将是盲人放枪——瞎打一气。即使这样，还可能因普通弹头飞行速度慢而常常"贻误战机"。激光武器就不一样了，激光光束是以光速向前传播的，对它来说，飞机、大炮的炮弹和导弹等飞行物体，基本上可视为"静止"目标，射击时可以不考虑提前量。因此，发现目标后，响应快，命中精度高，目标在一定程度上丧失了逃避的机动能力。比如在30千米处发现正在飞行的导弹时，激光光束只要0.0001秒的时间即可到达目标，而在这样短的时间内，目标仅飞行0.6米左右。对于几米长、直径为2~3米的导弹来说，这点距离是微不足道的。

二是无惯性。一般枪弹都有后坐力，而且弹丸质量越大，射击速度越高，后坐力也越大；而激光束质量近似于"零"，发射激光时基本不产生后坐力，所以激光武器属于无惯性武器。作战时，可通过转动反射镜迅速改变作战方向，发射频率高，可短时间内对付多个目标，非常方便灵活。一旦发现目标，即可迅速射击，百发百中。即使将激光器安装在飞机或卫星上，向空间任何方向发射，都不影响射击精度和效果。

三是可无限次发射。只要能源充足，激光武器原则上可以无限多次发射，而一般武器的发射都是有限次数地发射，因此它的成本低，效费比高，尤其是对付大规模来袭目标更具重要意义。

四是无污染。激光武器属于非核杀伤，不像核武器那样，除有冲击波、核辐射等严重破坏外，还存在着长期的放射性污染，造成大面积区域的污染。激光武器无论对地面或空间都无放射性污染。另外它也不会像通常的炮弹那样，

把战场弄得"乌烟瘴气"。可以说是名副其实的"干净"武器。

五是抗干扰能力强。激光虽易受电磁脉冲和地球磁场及其他磁场的影响，但在电子对抗环境中仍能精确地命中目标。

激光武器上述的五大优点，是常规武器难以比拟的。只是目前由于激光武器尚处于进一步研制和试验阶段，不少关键技术有待突破，如，功率不够的问题，犹如火候不到水不开，对高空目标就显得力不从心；又如跟踪、瞄准设备问题，因为激光速度快，所以对这些仪器的精度要求也就特别高，精度上不去，就使激光武器难以淋漓尽致地发挥威力。此外，激光武器本身也有其固有的弱点，如大气对激光有衰减作用，随着射程的增加，武器的威力也会下降，云、雾、雨、雪、烟等都是激光难以逾越的天然屏障。也正因此，激光的用武之地主要是太空或高空大气层，其次才是海上和陆地。

## 第三节　激光武器的种类及作战功效

激光武器各种各样，其威力和用途也大不一样，要更好地了解激光武器，必须熟悉这个武器"家族"的"家谱"，也就是激光武器的分类。激光武器的分类方法有很多种。

1. 如按受激物体的性质，激光武器可分为：（1）气体激光器，包括氦-氖激光器、二氧化碳激光器、准分子激光器等；（2）固体激光器，包括红宝石激光器、钕玻璃激光器、掺钕钇铝石榴石激光器等；（3）半导体

激光器，包括砷化镓激光器、锑化铟激光器、硫化锌激光器等；(4) 染料激光器，包括罗丹明 – 6G 染料激光器等，因它的激活介质是一种溶于液体的有机染料，所以有时还称其为液体激光器；(5) 自由电子激光器以及调和射线激光器。

2. 如按不同的激励方式来分，激光武器则可分为：光激励的激光器、放电激励的激光器、化学激光器和核泵浦激光器。

3. 如按能量高低分，则有高能激光武器和低能激光武器两类。按美国五角大楼官方的定义，连续束流功率大于 2 万瓦的激光器称为高能激光武器，以下称低能激光武器。低能激光武器由于发射的激光能量不太高，一般只能起致盲和干扰作用。高能激光武器，又叫强激光武器或激光炮，它是一种大型或高功率的激光装置，发射的激光能量很高，能直接摧毁敌方的卫星、导弹、飞机、坦克等军事目标和大型武器装备。无论是高能激光武器还是低能激光武器，其主要的破坏机制都是目标与激光之间的热相互作用。当辐射照到目标表面时，既未被反射也未被安全吸收的束能量很快转变为热能，这些热能引起目标的熔融和汽化，甚至在加热到熔点之前，目标的强度就会严重减弱。而在材料局部汽化之后，还会由非直接机制的应力引起进一步破坏，这些机制包括激光束的强热和高压，以及激光火花和等离子体对目标的作用。由于热效应和机械效应的结合而产生的热机作用，甚至会导致更严重的破坏，类似于玻璃被突然和非均匀加热所出现的现象，而对于人眼或皮肤之类生物目标，则伴随热损伤的还有光化学作用和离子化损伤。

4. 如按用途可分为战术激光武器与战略激光武器。战术激光武器一般部署在地面上（地基、车载、舰载或飞机上），主要用于近程战斗，其

打击距离在几千米至20千米之间。如用于致盲敌方人员的各种探测仪器，对付战术导、低空飞机、坦克等战术目标，在地面防空、舰载防空、反导弹系统和大型轰炸机自卫等方面均能发挥作用。它又可分为激光致盲武器和防空激光武器等。战略激光武器主要用于远程攻击与防御，其打击距离近则数百千米，远达数千千米。它的主要任务，一是破坏在空间轨道上运行的卫里，二是反洲际弹道导弹。因此，它又可分为反卫星激光武器和反战略导弹激光武器两种。

5. 如按部署方式，即武器系统所在位置和作战使用方式，可分为五种。

（1）天基激光武器

美国太空战天基激光武器示意图

它主要用于空间防御和攻击，即把激光武器装在卫星、宇宙飞船、空间站等飞行器上，用来击毁敌方的各种军用卫星、导弹以及其他武器。这种激光武器可以迎面截击，也可以从侧面或尾部追击。

（2）地基激光武器

苏联地基反卫星激光武器效果图

它主要用于地面防御和攻击，即把激光武器设置在地面上，截击敌方来袭的弹头、航天武器或者入侵的飞机，也可以用来攻击敌人的一些重要的地面目标。

（3）机载激光武器

美空军YAL－1A机载激光武器系统

它主要用于空中防御和攻击，即把激光武器装在飞机上，用来击毁敌

机或者从敌机上发射的导弹，也可攻击地面或者海上的目标。

（4）舰载激光武器

它主要用于海上防御和攻击，即把激光武器装在各种舰艇上，用来干扰或摧毁来袭的飞机，拦截接近海面的巡航导弹、反舰导弹，也可以攻击敌人的舰船。

（5）车载激光武器

美军未来车载激光武器效果图

把激光武器装在坦克和各种特种车辆上，用来攻击敌人的坦克群或者火炮阵地，具有速度快、命中率高、破坏力大、机动灵活等优点。

# 第六章　呼风唤雨——环境武器

自古以来，可能是出于对变幻无穷的气象的无知和迷信，也可能是出于对气象巨大威力的无比崇敬，人们编造了许多把气象作为武器使用的神话传说，比如玉皇大帝、四海龙王下令降雨，发洪水淹灭敌兵；风神、风怪动怒，顿时狂风四起，飞沙走石如卷席；雷公、雷母打闪电，降妖伏魔出奇兵等等。各种天气现象，都是"天兵天将"使用各自兵器的结果。可见，早在古代，人们就已经把气象当作武器使用了，只不过那是些神话而已。

在各种神话传说中，人们编造了许多荒诞而离奇的故事情节，但是其中也包含有改造自然的伟大理想。现代科学技术的迅速发展，正在现实生活中把这些理想逐渐变成现实。人们现在不仅认识到风、雨、雷、电这些天气现象的本质，找到了一些预报的方法，而且还初步具有对它们施行影响的力量。随着新技术革命的迅猛发展，利用地球本身的不稳定性，通过人工爆炸、播撒催化剂或采用其他物理化学方法激发出大量能量，用于军事作为一种作战手段，这就又诞生了一种新的武器——环境武器。

## 第一节　环境武器的概念

人们很早就幻想着利用气象、气候辅助作战。古希腊神话故事中就有这样的描写："阿耳戈斯人和特洛亚人相互作战，但特洛亚人从阿瑞斯所获得的强力亦已消退。他们撤退回城，被阿耳戈斯人一直追击到城门。城门就要被攻倒了。这时宙斯突然降大雾于伊利翁城……第二天清晨，阿耳戈斯人看见特洛亚的卫城（伊利翁城）清晰地耸立在蔚蓝的天空下，他们都惊呆了。因此他们知道昨天下午的大雾乃是万神之父宙斯所制造的奇迹。"（见斯威布《希腊的神话和传说》"涅俄普托勒摩斯"一节）中国原始社会末期的战争也有类似的传说："蚩尤作兵伐黄帝，黄帝乃令应龙攻之冀州之野。应龙蓄水，请风伯雨师，纵大风雨。黄帝乃下天女曰魃，雨止，遂杀蚩尤。"（《山海经·大荒北经》）又据《太平御览》卷15，引梁任昉所著《述异记》记载，黄帝在与蚩尤的涿鹿之战中，蚩尤利用雾气攻击黄帝："蚩尤作大雾，弥三日。"黄帝在大雾弥漫的恶劣天气里无法作战，遂造指南车指示方向，得以战胜蚩尤。

古人在战争中对气象、气候的利用是很高明的。赤壁之战中，孙权、刘备联军选择刮东南风的天气进攻，大败曹军。

中国古代兵家多次利用寒冷天气，汲水结冰来战胜敌人。《资治通鉴》记载，唐朝中叶的安史之乱中，安禄山指挥叛军南下，渡过黄河时，利用天气寒冷，在河面上放置草木，边放边泼水，使之冻在一起，经一晚上，

冰面冻得像浮桥一般，大军顺利通过。明太祖洪武八年（公元1375年），元朝旧将纳哈出攻打金州（今辽宁金县），明太祖朱元璋派叶旺抵抗。时值隆冬，叶旺在敌必经之地垒起冰块，上面泼水，冻成一道冰墙，又在冰墙边挖出陷阱。纳哈出军队行军至此，被冰墙所阻，便绕开行走，结果落入陷阱，大败。

中国南宋将领刘锜曾利用闪电作战。南宋高宗绍兴十年（公元1140年），刘锜和金兵夜战。这天夜里阴云密布，大雨将落，空中电闪四起。行动之前，刘锜就给士兵们作了一条规定：闪电光下看见背后有辫子的都杀掉（古时男人头上也梳辫发，汉族多束于头顶，少数民族、包括金人多披于背后）。刘锜的士兵遵令去做，闪电来了，奋起杀敌；闪电过后，伏在地上不动。金兵干挨打却见不到宋兵。就这样打了一夜，杀得金兵尸横遍野。金兵支持不住，败退而去。

直到20世纪40年代，人工降雨、人工造雹、人工造雾等技术取得突破进展，并逐渐由试验转入实用后，人们才真正拉开了环境武器研究的序幕。第二次世界大战期间，人工造雾技术第一次应用于战场。1943年美军首次使用了人工造雾技术，成功地掩护了部队渡河，开气象武器之先河。

总之，环境武器就是为了实现特定的军事目的，而用人工的方法控制地球气象或地质等环境变化，制造各种具有破坏性的自然灾害以达成一定军事目的的武器。主要通过运用现代气象科学技术，人工控制或制造风、云、雾、雨、雪、冰雹；或人为地诱发地震、海啸等自然灾难，造成对己有利，于敌不利的气象环境，为取得战争的胜利创造条件。前者又被称为气象武器，后者则称之为地球物理武器。

## 第二节　环境武器的原理和特点

在我们居住的地球周围，包着一层厚厚的空气，即通常所说的大气层，其厚度达 1200 千米以上，最靠近地球约有 10 千米厚的大气层，称为对流层。对流层受宇宙运动、太阳光照射和地球表面物理作用的影响，使天气发生各种变化，出现了风、雨、雷、雪等各种自然现象。

人们发现，采用人工手段，如用飞机、火箭、火炮等手段，可在某些地区低空大气层播撒催雨物质进行降雨、消雾和造雾，制造恶劣气候。

采用人工手段之所以能够使天气产生变化，是因为大气层中包含有水汽、水滴、冰晶和各种悬浮物质，时常处于一种不稳定的状态之中，只要人们掌握这些不稳定因素的变化规律，就可以使用较少的能量去引发和催化它们，形成一种使天气产生变化的触发机制，大气层中的不稳定因素就会产生较大的能量转换。这种能量转换的结果，就是某些地区、某些空间天气、气候的变化。

气象武器就是根据这一原理而研制的。利用各种气象武器给大气施加某种能量，可使天气按照有利于自己、不利于敌人的方向发展，或制造恶劣的天气和气候去直接攻击敌人，为夺取作战胜利创造有利的战场环境。

现在，有的气象武器已经发展成熟并有初步的实战应用，有些则处于研究发展之中。其共同特点是：

一是具有巨大的作战能量。天气中的一切变化都蕴藏着巨大的能量。

根据气象学家估计，一个强雷暴系统的能量近似 1023 尔格，即相当于一枚 250 万吨当量的核弹爆炸；一个弱小气旋所显示出来的平均能量差不多等于一颗 100 万吨级氢弹爆炸时所释放出来的能量；一个台风从海洋吸收的能量相当于 10 亿吨 TNT 当量；一个中等强度的台风，在几小时内可携带 25 亿吨水移动数千千米。目前气象武器虽然在技术上还无法控制如此巨大的能量并用于战争，但即便是在局部上使用，也具有巨大的作战能量。例如，美国在越南战场制造的人工降雨，就造成了大雨滂沱，山洪泛滥，冲垮了铁路、桥梁、堤坝，使越南境内的部分地区道路泥泞、交通中断，给北越军队的军事行动带来了巨大的困难，同时还直接造成了越南数亿美元的经济损失。由此看出，气象武器在战场的实际运用中显示出了超群的作战威力。

二是能给对方意想不到的打击。气象武器能给对方以意想不到的打击主要包括两个方面：一方面是它能够改变天气原有的转化规律，使对方无法预测到天气的变化，无法根据天气变化情况调整自己的作战行动，使其在突然的天气变化面前缺乏必要的准备，给对方以措手不及的打击，造成其作战行动的被动和失利；另一方面是攻击速度快，只要有可供利用的气象条件，在数小时甚至十几分钟内就可迅速改变战场的天气，迅速置对方于恶劣的战场环境之中。

三是战场消耗有限、使用经济。气象武器主要是通过施放某些化学战剂和某种具有特殊吸收、辐射功能的物质，使大气层中的天气和光、热产生骤变而造成天气变化，它不需要消耗大量的弹药和其他作战物资，其战场消耗与其他杀伤破坏性武器相比，具有物资消耗量小、使用方便、效果作用范围广等特点，是一种较为经济、具有较好作战效益的战场武器。

由于气象武器具有上述特点，因此，气象武器将可用于战略和战术两个方面。在战略上，可以使用这种武器对付敌对国家，使其遭受水灾、飓风、雹灾和旱灾的袭击，给它们造成严重的损失，引起饥荒和灾害，无法支撑战争。在战术上，可以使用各种气象技术和战术手段，人工制造和控制风、云、雷、雨、雾、寒、暑等天气，改变战场的气象环境，使之有利于己而不利于敌，直接削弱敌方的抵抗能力，以取得战役战斗的胜利。

但是，气象武器同时也是一种具有双重危险、难以运用自如的武器。大气是一个非常巨大的系统，决定其发展变化的因素非常复杂，而且互相制约，互相影响，往往是牵一发而动全身。只有充分利用已有的天气条件，准确把握住能使天气变化的关节点，采用科学的影响手段和方法，才能以较小的能量消耗，达到较大的作战效益。如果一旦使用失误，或者对天气情况把握不准，就有可能弄巧成拙，使天气发生逆转，即向不利于己而有利于敌的方向转化。由此看出，气象武器既是一种效能极高的武器，又是一种很难运用自如，具有双重危险的武器。

众所周知，地球自身是一个巨大的能量聚集体，在地下沸腾的熔岩中贮存着巨大的能量。这些能量一旦部分突破地壳的限制，将会引发地震、海啸、山崩、火山喷发等破坏力巨大的自然灾害。

地球处于不停地运动之中，地壳内部的物理变化一般是很难人为地控制的，因此，地震等自然灾害的出现，往往不以人的意志为转移，在人所意料之外突然发生。

但是，在一些核试验中，科学家发现一定能量的地下核爆炸，能够人为地诱发地震、海啸、火山爆发。

20世纪50年代，苏联的地震专家发现，地下核爆炸能引发地震。当

苏联在塞米巴拉金斯克和新地岛进行地下核核试验时，伊朗、芬兰等邻近试验场的国家，曾多次与苏联政府交涉，要求其停止进行核试验，理由之一就是：地下核爆炸同这些国家境内发生的地震有一种奇特的联系。1954年，美国在比基尼岛进行核试验时，在距爆心500米的海域突然掀起一个60米高的巨浪，奔流1.5千米后浪高仍达15米。这些事件都可能是由核爆炸引起的。

科技人员对地下核试验引起地球地质运动的改变进行了认真分析。研究认为，一次地下核爆炸就相当于一次"人为地震"，在地下核爆炸之后一到两个月内，距离爆炸中心20千米~30千米范围内会发生多次微弱的震动（小地震）。如果核武器试验场位于地震活动频繁地区，那么核爆炸后大地震动的强度与次数也会大大增加。

一些科学家还计算出了核爆炸同人为造成的地震的强度（以震级表示）之间的数量关系：当量为一万吨的核爆炸所造成的破坏程度与5.3级地震大致相同；当量为10万吨的核爆炸可诱发相当于6.1级的地震。由此计算，震级为6.9级的地震所造成的破坏，大约相当于100万吨级核爆炸的破坏程度。而迄今为止威力最大的核炸弹，是1961年苏联在大气层中爆炸的一枚6000万吨级的核炸弹。如果这次爆炸发生在地下，由此引起的地震的规模将令人难以想象，其破坏力约相当于6.9级地震的60倍。

这一系列的研究说明：在特定环境下，可采用人工的方法，人为诱发或制造地震、海啸、山崩、潮汐等破坏力巨大的自然灾害，从而达到一定的政治、军事目的。人们把具有这种功能的武器称为地震武器或地球物理武器，它是一种"既不同于一般的常规武器，又不同于核武器"的新概念武器。

从目前地球物理武器的发展情况来看，要投入实战应用为时尚早，一

些外国科学家对俄罗斯开发有效的地球物理武器的能力也持怀疑态度。西方一位地学科学系教授甚至说："一次核爆炸与一次地震之间仅仅存在很微弱的关系"。尽管如此，也并未影响地球物理武器的研究工作。进入90年代后，美国在环境武器方面的研究步伐已明显加快。而据英国《星期日泰晤士报》1996年9月15日刊载的一篇文章透露：俄罗斯仍在拨出大量经费研究地球物理武器。

就地球物理武器本身来说，也是一种具有双面效应的武器。一方面，地球物理武器的确是一种特殊的神奇武器。它与传统武器相比有三个显著特点：一是威力大。地球物理武器引发的自然灾害的危害，可达到甚至超过任何一次大型核爆炸所造成的破坏。二是效率高。地球物理武器不直接产生杀伤力，而是通过人为施加有限能量来诱发巨大的自然力，起到"四两拨千斤"的效果。三是隐蔽性强。环境武器通过其诱发的自然灾害造成破坏，而这大多可在距预定攻击区几百上千千米以外进行，很难察觉，攻击者容易逃避战争责任。

但是，地球物理武器也存在致命的缺陷：一是无法对敌方战略重要地区地震的可能性做出准确预测；二是无法保证地震在核爆炸刚一结束的指定时刻立即发生，因为地下能量释放过程的特点是：拖延时间较长，在最剧烈的第一次震动之后，往往还伴随着一系列小规模的余震；三是无法有效控制地震产生的规模，不能区别参战人员和平民，交战国和中立国。

## 第三节　环境武器的种类及作战功效

根据有关资料分析，目前已经研制或将要研制的环境武器主要有以下几种类型：

1. 人工造雾、消雾

人工造雾，就是通过施放大量的造雾剂，人为地制造漫天大雾，用以隐蔽自己的行动，或给敌人的行动造成困难和障碍。

人工造雾是一种技术上较为简单，因而也是最早使用的气象武器。早在二次世界大战期间，就已经应用于战场作战中。1943年9月，克拉克指挥的美第5集团军为顺利实施在意大利半岛西岸的萨勒诺登陆，突破德军利用沃尔图诺河进行的拦截防御。为减少渡河时部队的伤亡，曾使用飞机播撒造雾剂，在沃尔图诺河成功地制造了一条长5千米、宽1.4千米的雾障，较好地保障了作战部队以最小的伤亡顺利地渡过了沃尔图诺河。

二次世界大战期间，德国为使其重要的工业基地和军事基地免遭英美盟军的轰炸，也曾在这些地区播撒大量造雾剂，人为地制造了漫天大雾。在浓浓大雾的笼罩下，盟军飞行员根本无法找到预定的轰炸目标，无奈，只好返航。

与人工造雾相反，人工消云、消雾是指采用加热、加冷或播撒催化剂等方法，消除作战空域中的云层和浓雾，以提高和改善空气中的能见度，保证己方目视观察、飞机起飞、着陆和舰艇航行等作战行动的顺利进行。

传统的人工消云、消雾主要采取播撒耐火土、白黏土、盐粉、尿素、

硝酸胺饱和水溶液等催化剂改变云层凝结核的性质、大小、浓度，以加速凝结增长，促进重力碰并过程，很快形成大水滴而降落，使云体消散。

随着科技的发展，人们对雾的特性有了更深入的认识，并根据雾的性质把其区分为二类：即过冷雾（在0摄氏度以下，由过冷水滴形成的雾）和暖雾（在0摄氏度以上，由小水滴形成的雾）。消过冷雾的方法是通过播撒干冰、丙烷等，使空气局部冷却到－400℃以下，以形成消雾区。消暖雾通常采用直升机播撒吸湿性粒子等方法进行。

美国早在1935年为在机场消雾，就曾采用传统的方法，即用点燃煤油后产生的热空气进行消雾。60年代，人们发明了播撒干冰、液态丙烷和碘化银消除冷雾的方法。此外，用播撒硝酸铵、尿素或磷酸氢钠消除暖雾的试验也获得了成功。

2. 人工造雨

用人工降水的方法增加敌对国或敌活动地区的降水量，形成大雨、暴雨，甚至造成洪水泛滥，伤人毁物，冲垮道路桥梁，使敌人交通中断，补给困难，机动受限，进而影响敌人的作战行动。

为了对人工造雨的有关原理进行深入的研究，早在1947年，在美国陆军通信兵部队和海军研究局的支持下，美军科研部门开始实施研究人工降雨的"卷云"计划。1960～1964年间，美国又实施了研究人工降雨的"白预"计划，在进行这项研究的过程中，还意外地找到了人造干旱的方法。1966年10月，美军在老挝进行了代号为"鼓眼睛计划"的人工降雨试验。

在越南战场上，美军不仅利用人工雾障来掩护南越情报分队向北越渗透，还在预定地区上空喷撒了大量的雨催化剂，造成大雨滂沱，山洪泛滥，冲垮铁路、堤坝，使道路泥泞，交通中断。1971年，为破坏越南北方

对南方的支援，美军对当时越南军用物资的主要运输线——"胡志明小道"一带实施了人工降雨。当时，美军使用了 WC—130 气象侦察机和 RF—4C 侦察机投放装有催化剂的弹药，每批 208 枚。弹体内装填的碘化银和碘化铅撒出来以后，通过冷云受到催化，形成暴雨。滂沱大雨冲坏了道路，淋湿了物资，使车辆无法行驶，运送物资的工作严重受阻，给越军的军事行动造成了巨大的困难。据当时的一位越南人民军目击者介绍说："有一天，运送武器装备及后勤补给物资的队伍刚刚出发，美军的几架飞机就飞来了。这几架飞机像是侦察机，在空中盘旋一阵子，好像又撒布了一些什么东西就飞走了。不久，天阴下来，接着滂沱大雨便从天而降了。暴雨妨碍了视线，淋湿了物资，道路被大雨冲坏了，车辆无法行驶，运送物资的工作严重受阻，那天的天气预报说，天阴，气温 30—37℃。"

美国军方认为，他们执行这项计划产生了显著的效果。他们说，1971 年 6 月 16 至 23 日，在这段人工降雨活动最频繁的时间内，越共运输物资的车辆大为减少。美国国防部情报局估计，小范围人工降雨可增加 30% 的降雨量。

美国中央情报局的官员后来还透露，当时还曾研制过一种催化弹，它能使云层受催化后降下酸雨，以使雷达设备等不能正常工作。

3. 人造干旱

人造干旱是指利用有关的气象控制技术，通过控制某一地区上游的天气，给下游的敌对国和敌占领地区制造长时期的干旱，以削弱敌人的战斗力，破坏敌人的生存环境。

据曾经担任过美国国防部国际研究和技术协会的专家劳维尔·彭特透露，美国中央情报局和五角大楼曾于 1970 年对古巴实施了代号为"蓝色尼罗河"的气象战演习并取得了良好的效果。美军对古巴"上游"的云层

播撒碘化银，使带雨云层在到达古巴之前先把雨降落下来，造成了古巴反常的干旱天气，严重影响了古巴境内的农作物生长，使糖类作物的生产没有完成预定的指标。这一事例说明，人造干旱这种气象武器是一项已经基本具备了实战运用的技术。

4. 人工引导台风（飓风）

有关研究发现，向台风（飓风）云区投放碘化银烟弹或其他化学催化剂，可使台风（飓风）改变路径并将台风（飓风）根据需要引向敌对国，毁伤敌对国人员和军事设施等。

1962年，美国国防部与商业部联合实施"狂飙"计划，研究如何控制台风，改变其强度和路径，以减少已方的损失或增加对敌方的破坏。1969年8月，美国曾进行过引导台风的试验，用13架飞机在一个代号为"黛比"的台风区附近，投下装有碘酸银的台风弹。投弹后，飓风风速由183千米/小时，减小到156千米/小时。而在原风眼附近，则产生了一个新的风眼，初步达到了引导台风向预定方向运动的目的。

据悉，目前美国国防部还实施了一项由空军负责的气象控制技术研究。这种技术采用无人驾驶隐形飞机在云层中播撒一种黑色的炭灰微粒，它能加剧局部地区的风暴和雨量，使地面泥泞不堪，影响敌军士气并妨碍军事部署。

5. 人造寒冷和酷热

人造寒冷，就是在敌对国或敌控制地区上空播撒能吸收太阳光的物质，使气温急剧下降，制造使人难以忍受的寒冷天气，冻伤敌方的战场人员，损坏敌人的武器装备，摧毁敌人的战斗力。

人造酷热，是指在敌国境内或敌作战地区上空播撒吸收地面长波辐射的物质，使气温骤然升高，产生酷热，直接削弱敌人的战斗力。

6. 人工控制雷电

人工控制雷电，是指通过人工引雷、消雷等方法，使云中电荷中和、转移或提前释放，控制雷电的产生，以确保空中和地面军事行动的安全。人工控制雷电的主要方法有：一是利用带电云团播撒冻结核，改变云体的动力学和物理学过程，以影响雷电放电；二是采用播撒金属箔以增加云中导电率，使云中电场维持在雷电所需临界强度以下以抑制雷电；三是人为触发雷电放电，使云体一小部分区域在限定的时间内放电。

在人工控制雷电方面，美国进行过这方面的试验，为防止森林被雷击而引起火灾，曾成功地控制过森林上空的雷电。我国西昌卫星发射中心也曾于1978年进行过这方面的试验，用一枚小型火箭携带细长金属丝，先发射到带电云团内部，把云团中的电荷通过金属丝引向地面，有效地释放了云团中的电荷。此外，科技人员还研制成功了人工诱发雷电设备，1991年在康西草原附近首次进行了引雷试验。因此，人工控制雷电在技术上是基本可行的，它作为气象保障的一种手段可以用于实战。但它要作为一种攻击性的武器则还需要相当长的探索时间。

7. 人造臭氧空洞

臭氧的化学分子式为 $O_3$，是一种有特殊结构的无色气体。如果我们走进发电机的机房，有时会闻到一种特殊的气味，这就是臭氧的气味。因为发电机的电刷发电时，发生了一场化学变化，空气中的少量氧气变成了臭氧，臭氧跟我们呼吸的氧气是一对孪生兄弟。不过，一个氧气分子里有两个氧原子，而臭氧分子里有三个氧原子。

微量的臭氧对人和生物是有益的。大气中臭氧的浓度太高或太低，都会给人和生物造成危害。在距离地面20~40km的高空，臭氧浓度最高。这层大气

称为臭氧层。臭氧层能吸收阳光中有害的紫外线，是保护人类和其他生物不受紫外线伤害的保护层。靠近地面也有少量臭氧存在，浓度约为亿分之一至亿分之五，虽然它的浓度极低，但对保持空气清新有着重要作用，对人和生物也很有好处。大气层中的臭氧层，是地球的天然保护层，离开了这层天衣，人类将不能生存。臭氧层对保护地球上的生物发挥着重要的作用。

"臭氧武器"正是针对这层天衣的，其方法是借助物理和化学方法，改变敌方上空大气中的臭氧浓度，危害敌方的人和生物。

设想的改变臭氧浓度的方法有两种。

第一种方法是降低臭氧浓度。比如在敌方某个地区上空的臭氧层中投放能吸附臭氧的化学物质（如氯），或者通过高空核爆炸形成能分解臭氧的化学物质（如氮氧化物），从而使臭氧层局部破坏，形成一个没有臭氧的洞口。太阳发出的有害的紫外线，通过这个洞口直接射到地面，破坏人和生物的细胞组织，损坏遗传器官，引起皮肤灼伤，促使皮肤癌增多。而且，臭氧层的破坏，还会改变气候，导致地面平均气温下降，湿度增加，影响农作物的收成。

这种方法来得慢，但破坏时间长、面积大，而且难以补救。

第二种方法是增加臭氧浓度，即在敌方某个地区的上空爆炸一种"核超级炸弹"，使该地区大气臭氧浓度大大增加，超过人能承受的极限，造成人的中毒。轻则使人胸部疼痛，唇喉发干，重则使人强烈咳嗽，脉搏加快，呼吸急促，甚至引起胃痉挛、肺水肿、心肺活动衰退，直到死亡。

目前，臭氧武器不管在理论上，还是在技术上，都还很不成熟，可以说是一种在探索中的武器。但却有可能成为未来战争中潜在的大规模杀伤性武器。因此，对于严重危害环境的臭氧武器，是应当禁止的。

### 8. 吸氧武器

吸氧武器是一种能吸收局部空间氧气，进而造成人员死亡和使一些需要氧气的机器停止转动的武器。它用于海域战场，会使人无声无息地死亡，舰船莫名其妙地停止运转，飞机令人恐怖地坠入深海……这种武器结构原理很简单，在普通弹药中掺入大量吸收氧气的化学药物即可，但实现起来却有很大困难。试想，要把某一区域的氧气短时间减少到足以造成人员伤亡的程度，那将有多大的难度！

### 9. 化学雨武器

主要由碘化银、干冰、食盐等能使云体形成水滴，造成连续降雨的化学物质和能够造成人员伤亡或使武器装备加速老化的化学物质组成。该武器分为永久性和暂时性两大类。永久性的化学雨武器主要由隐形飞机或无人飞行器运载，偷偷飞临敌国上空撒布，使敌军武器加速锈变，进而丧失作战能力；暂时性化学雨武器主要是使敌部队瞬间丧失抗击能力，它由高腐蚀性、高毒性物质组成，如酸性雨等。

更为可怕的是，有人在研制"洲际化学雨武器"，该武器是一种用于喷洒化学毒气的重返大气层飞行器。它具有洲际弹道导弹一样的射程，可以把装载的各种化学毒剂带到遥远的目标上空，然后翻滚着把毒剂喷洒出来。在一阵蒙蒙"毒雨"中，暴露在地表上的有生力量将全部丧生。这种武器实际上是洲际核弹的改头换面，只不过用的是"化学弹头"。

类似这样的武器还有空气燃烧弹、真空炸弹等等。比如，用洲际火箭将空气燃烧弹投掷到目标上空，空气燃烧弹产生的化学雨扩展到一定区域便爆炸，几个相毗邻的化学雨雾团的爆炸威力相当于数吨梯恩梯炸药的威力；同时，还兼有长期污染、改变气候、破坏动植物组织细胞等破坏力。

## 军事小天才
### Jun Shi Xiao Tian Cai

相比之下，某些核武器的威力就逊色多了。

化学雨武器的施放方法是各国军事专家普遍关心的重要问题。自诞生气象武器后，西方某些国家就把施放任务交给了机动灵活的飞机和大炮。当化学雨武器问世后，人们也寄希望于由飞机和大炮来布施。但飞机或大炮施放难以有效地攻击敌目标。后来，军事专家们又设想使用导弹布施。而导弹本身就是一种很好的攻击性武器，用它做运载工具还不如由导弹直接进攻敌方目标。况且，用导弹或大炮武器施放，化学雨武器隐蔽效能大大降低，失去了其神秘效能。通过综合分析，军事科学家们最近设计出一套绝妙的施放方法，即使用配备有制导装置的气球来施放，据说已获得了成功。

军事科学家们是这样来设计使用化学雨武器的：当作战情报部门获知敌方在某地域有坦克群或其他装甲车辆集结时，即通知所属部队将装有化学雨武器的可制导气球升空。在制导装置的引导下，气球悄悄地飞向预攻击的目标上空。待自动选定高度、方位后，施放出大量的化学物质，从而在短时间内引起一场倾盆大雨。

化学雨武器的诞生，同样引起了军事专家们对如何防护化学雨武器的关注。因此，化学雨武器的防护涂层也应运而生。目前已研制出一种新型塑料涂层。该涂层无色、无味、透明，使用后装甲表面并无明显变化，当化学雨武器降落化学雨时，起防护作用的涂层可使装备不被腐蚀、破坏。此外，专家们还研究了一种专门用来对付化学雨武器的某种化学物质。当遭受化学雨武器袭击时，装甲或坦克本身的自喷装置便喷射出这种物质，用以对抗化学雨，效果也很明显。

尽管出现了这样那样的防护手段，但总有防不胜防的时候。因此，化学雨武器在未来战争中很可能会出奇制胜。

10. 巨浪武器

巨浪武器是利用风能或海洋内部聚合能使洋面表层与深层产生海浪和潜潮，从而造成敌水面舰船、水下潜艇以及其他军事设施的倾覆和人员死亡。同时，巨浪武器还可用于封锁海岸，达到扼制敌军舰出海进攻的目的。

11. 海幕武器

这是一种消极被动性武器。它主要是运用人工方法制造出一种能保护舰船和军事设施的防护水幕，使敌舰船、飞机以及岸基雷达无法发现目标，达到神出鬼没、隐蔽出击的目的。

12. 海市蜃楼武器

万顷碧波之上，突然会出现陆地、行人、楼群或者汽车；浩瀚沙漠之中，也突然会出现流水、鲜花、森林或者湖泊。科学发展到今天，海市蜃楼现象带给人们的只有惊喜，而不再有迷惑。海市蜃楼是由于不同密度的大气层对于光线的折射作用，把远处景物反映在天空或地面而形成的幻景。海市蜃楼因其离奇怪异，在历史上曾引发了不少趣闻，甚至在战争中也起到出人意料的神奇作用。

1798年，拿破仑统率大军远征埃及。行军途中，士兵们突然看到一片模模糊糊的山水风景，不一会儿又消失得无影无踪，而片刻之后，又见到路边的青草变成了一棵棵棕榈树，侵略军惊慌失措，人心大乱，以为这是什么不祥之兆。

第一次世界大战期间，在某一沙漠战场，英军炮兵正准备轰击某一军事目标，目标却忽然不见了，一片幻景遮住了对方阵地。英军愕然，当即中断进攻。还有一次更为有趣的，也是一战期间，德军潜艇在水底潜游，艇长从潜望镜向海面窥视。恰恰此时，海市蜃楼现象出现了，艇长看到自己头顶上赫然就是纽约市，吓得魂飞魄散。其实，他的潜艇的准确位置千

真万确还只是在美国东海岸……

自然界的海市蜃楼现象多发生在沿海或沙漠地带，有时在温带地区的光滑路面上也能发生，但偶然性特别大。能否海市蜃楼可遇而且可求？对这一魅力无穷的课题，学术界、军事界给予相当的重视。运用热力学原理，人工控制空气分子的运动速度，从而改变气层密度，并使其按规律分布，将空气媒质制作成为一块巨大的有特殊效用的"透镜"。远处景物表面反射出的光线经过这块"透镜"折射后，映入我们的眼帘，海市蜃楼现象就这样形成了。科学家信心十足地认为：应用现代高科技手段，营造人工气候，有时间、有方位、有目的地人工布置海市蜃楼，将只是一个时间问题。

海市蜃楼得以人工实现，将具有非凡的军事价值。

在军事伪装领域，有关专家认为，海市蜃楼既有烟幕的遮障效果，又可作为一种假目标的实现手段。在实际操作中，我们可以用一幅幅优美的画面将阵地一股脑儿盖住，令对方火力找不着目标；也可以在空地上映出装甲部队的影子，而在重火力点上干脆映出一群安静的牛羊……总之，这将是一个充分发挥军人们想象力的课堂，怎么高兴怎么来。

海市蜃楼在军事侦察方面的作用更是奇妙无比。这意味着将可以把千里之外的敌军阵地一览无余地展现在后方指挥所。敌军的火力配备、人员布置都能够看得"清清楚楚明明白白真真切切"。因此，海市蜃楼与卫星侦察具有异曲同工之妙。

海市蜃楼曾经一度将我们的老祖先唬得够呛，他们认为那是由蜃精吐气而成，内中的秀丽美景昭示着人间的福运吉祥。如今我们若是人工"豢养"这么一只"大蜃"来参与战争，那么它给战场蒙上的面纱，究竟是温情脉脉，还是阴森可怖，尚不得而知。

# 第七章　聪明灵巧——智能武器

　　人工智能是一门专门研究、探索、模拟人的感觉、思维及行为规律的学科，1956年诞生于美国，70年代后迅速发展。目前，人工智能技术已成为在高技术群中占有十分重要地位的领域，也是当今世界三大尖端科技之一。像其他高科技一样，人工智能技术一开始就在军事领域得到了广泛应用，并发展出了一类特殊的武器——智能武器。

# 第一节　智能武器的概念

说起智能武器的诞生，要追述到电子计算机的发展历史。因为电子计算机的研究成功可以说是智能武器的发端。早在1947年，世界上第一台电子计算机问世时，一些科学家就提出了人工智能的概念，到1956年，这一术语首先在美国学术界正式得到认可。60年代后，随着计算机、微电子和通信技术的发展，利用计算机软件模拟人的信息处理过程成为可能，并逐步进入实用阶段，据兵器科学专家们预测，又过30年后，作为新概念兵器中的分支，智能武器装备将成为战场的主角。

智能武器1956年7月首次研制于美国。最早研制的是遥控机器人。1956年底，美研制出第一个遥控的能简单行走的3条腿机器人。到70年代后，智能导弹等其他智能武器得到迅速发展。

人工智能技术的发展，是当代和未来最具有革命意义的事情，这一高新技术的军事应用也必将使战场面貌发生根本性改变。

人类为了提高自己认识自然和改造自然的能力，一直探索用机器人代替人的劳动。在体力劳动方面，经过几次技术和工业革命，已经取得了巨大进步；在脑力劳动方面，由于计算机的发明，许多繁琐的行政重复性脑力劳动已经可以由机器来完成。微型计算机实现了由计算机技术向智能化方向发展的飞跃。由此而发展起来的智能计算机可以模拟人的某些智力活动，它除了具有一般计算机的记忆、计算和响应等功能外，还具有更为重

要的看、听、说、写、想、思考、积累经验和判断决策等人的大脑功能。

智能化的作战指挥中心

智能武器就是把智能计算机运用于诸如坦克、火炮、导弹、雷达以及各种电子系统等武器装备上，使它们不用人工直接操作而自行完成侦察、搜索、瞄准、攻击目标以及情报的搜集、整理、分析与综合等各种军事任务。智能武器不但具有看、听、说的功能，而且还具有某种"思维"能力：能识别飞机、坦克、火炮、舰船以及其他军事设施；能从复杂的信号中筛选出对自己有用的信号，能将搜集到的情报变成文字或语言汇报给控制中心，能"有意识"地寻找、判断并首先攻击对自己威胁最大的目标；能根据新的指令迅速改变攻击目标。

以往武器性能的改进、打击力的扩大、机动性能的提高，都不过是人的体力的延伸，只有智能武器才开始使人脑力得到延伸。因此，它的出现是武器发展史上又一次质的飞跃。它的投入使用必将给未来战争带来许多新的特点。

## 第二节　智能武器的原理和特点

1. 智能武器的原理

智能武器的关键在于计算机技术，而计算机技术则又在于微电子机械系统（MEMS）和生物芯片。随着集成电路技术的发展，特别是超大规模集成电路技术的发展，出现了将整个系统集成在一个集成电路芯片上的系统级芯片的概念，进而可以将各种物理的、化学的和生物的传感器和执行器与信息处理系统集成在一起，完成从信息获取、处理、存储、传输到执行的系统功能。该技术的发展将对未来人类生活产生革命性的影响。近一段时间以来，人们大谈特谈的微型智能武器如智能灰尘、昆虫机器人、陆地勇士、微纳卫星、微型无人机和生化战剂传感器等都是得益于微电子机械系统技术实现的。这些微型智能武器的出现，将使未来信息化战争产生革命性的变化，对武器装备发展产生根本性的影响。

2. 微电子机械系统（MEMS）

MEMS 是指可批量制作的，集微型机构、微型传感器、微型执行器以及信号处理和控制电路、接口电路、通信和电源等于一体的微型器件或系统，是在微电子技术基础上发展起来的多学科交叉的前沿研究领域。它涉及电子、机械、材料、光学、磁学、物理学、化学、生物学、医学等多种学科与技术。目前，已研制出包括微型压力传感器、加速度计、微喷墨打印头、数字微镜显示器在内的几百种产品，其中微传感器占相当大的比

例。与传统的传感器相比，微传感器具有体积小、质量轻、成本低、功耗低、可靠性高、适于批量生产、易于集成的特点。同时，在微米量级的特征尺寸使得它可以完成某些传统机械传感器所不能实现的功能。MEMS用途广泛，属于军民两用的高新技术。MEMS的应用范围除了涵盖热门的IT、通信、消费类市场外，也适用于汽车、军事、生物、医疗、化学等各领域，几乎任何需要机械器件的小型化电子系统都可能用得上MEMS。

MEMS器件体积小、质量轻、耗能低、惯性小、谐振频率高、响应时间短；可以把不同功能、不同敏感方向和移动方向的多个传感器或执行器集成于一体，形成微传感器阵列或微执行器阵列，甚至可以把多种器件集成在一起以形成更为复杂的微系统。微传感器、微执行器和IC集成在一起可以制造出高可靠性和高稳定性的智能化的MEMS。MEMS的制造涉及电子、机械、材料、信息与自动控制、物理、化学和生物等多种学科，同时MEMS也为上述学科的进一步研究和发展提供了有力的工具。其特征可概括成以下几点：

（1）尺寸在毫米到微米范围之内。

（2）借用传统的半导体微细加工技术，但拥有自己独特的加工技术。

（3）与微电子芯片同类，可大批量、低成本生产，性能价格比与传统"机械"制造技术相比有大幅度的提高。

（4）MEMS中的"机械"不限于狭义的机械力学中的机械，它代表一切具有能量转化、传输等功能的效应，包括力、热、声、光、磁，乃至化学、生物等。

MEMS的目标是微"机械"与IC集成的微系统，即智能化的微系统。微电子机械系统技术被认为是继微电子技术之后又一个对武器装备具

有重大影响的技术领域，将成为21世纪提高武器性能的重要技术途径。在采用微电子机械系统技术以前，由于体积和质量的原因，许多机电部件不可能安装到比较小的或者对质量和体积敏感的武器装备上。微电子机械系统技术的最大优点是能使复杂的机械器件及相关的电子控制装置变得小型、低功耗和低成本，微型化器件可以被应用到车辆、售货员和各种武器装备上。武器装备上广泛应用的微电子机械系统有惯性测量装置、传感器、化学分析仪器等各式各样的光电器件和电子器件。这些微电子机械系统为武器装备提供了小型化、微型化的机电系统，不仅提高了武器装备的性能，而且为军队提供了以前不曾有过的武器装备和军事能力。

目前，MEMS在航空器、航天器、弹药、医疗器械、汽车和电子信息设备等方面已有或将有广泛应用，开创了微型武器的先河。微型武器由于体积小、隐蔽性好、反应快速、机动性好、生存能力强、成本低等特点，特别适用于城市和恶劣环境下的局部战争。微型武器对新军事变革具有下述重大作用：

（1）减少人员伤亡，补充、加强和支援人员作战。公认的发展微型智能武器系统的重要作用是保护士兵的生命安全。由于当今士兵往往不仅是为保卫祖国而战，他们还要去执行国际维和任务。尽管这些任务很受人尊敬，但人们对自己士兵的伤亡比以前更加难以接受。微型无人智能武器系统则能代替侦察、作战，这样既可保持战斗力又可减少人员伤亡。

（2）能完成士兵难以进行的作战任务。微型智能武器能够进入间谍或侦察人员绝对无法进入的地方，如作战指挥部、机要室和保险柜内等来执行各种侦察与破坏任务，也能对飞机或卫星系统无法发现的地方进行侦察。在恶劣环境下，尤其是在有核辐射和失能性、致命性毒剂时，可有效

地进行工作，而士兵完成这些任务将有很大的危险。

（3）提高武器效费比，降低军费开支。载人武器系统的价格已达到成百上千万美元。微型无人武器系统的造价、使用费用相对较低，如有的军用机器人仅数千美元，微型飞机仅1000美元。

（4）提高作战能力，倍增军事力量。微型智能武器系统可能引起军队组织机构、体制及战术的变化，它可能使战术作战与战略作战之间、防御和进攻之间不再有明显的差别。如目前扫雷机器人一次作业能开辟一条宽8米、长100米的通道，比士兵扫雷能力要提高许多倍。

（5）用微型智能武器对付传统武器，导致未来战场出现"尺度不均衡战争"。目前战场上攻防两方的武器，就其尺度而言是"均衡"的，微型飞机和微型攻击型机器人的尺度是以"厘米计"，若以高射炮攻击它，就真的成了"高射炮打蚊子"，使传统武器的作战效能显著降低。

3. 智能武器的特点

智能武器有以下3个特点：

（1）思考速度快。我们说智能武器会"思考"，是说智能武器可以按照人们事先编好的程序去工作，比如一枚导弹可以按照程序去攻击正前方的目标，在攻击的过程中，目标改变了方向，导弹也会跟着改变方向，直到击中目标为止。

智能化的武器更多的是以电来控制，以计算机为核心。每一件人需要反复思考的事，智能化武器只需要把人所贮存的资料反映一遍。因此，智能化武器的思考和计算速度远远地超过了人脑的速度。

（2）精确度高。智能化武器都是依靠计算机进行精密计算的，每一道程序都是严密地按照数据进行编排，在执行时也是准确地按照要求进行运

转。如果没有病毒和干扰，它们百分之百地按照设定的数据运行。而人脑具有模糊性的特点，它所思考和计算某一事件的能力十分有限，与智能化机器相比就差远了。人脑对某一项工作进行重复的能力也较低。智能化机器人可不断地重复某一项动作不发生任何偏差，人则无法做到达一点。

（3）应用范围广。智能化武器可以不受条件限制，能够执行各种任务。可以根据需要研制各种不同用途的智能化武器。而研制的智能化武器亦不受地形、气候、政治、文化、民族等各种因素的制约，可以按你的要求去达成战略目的。作为武器的设计者，你可以规定它的功能和作用范围，可以规定它应该对敌人破坏到什么程度，而不超过什么程度。可以让它破坏敌人的眼睛而决不损坏敌人的鼻子。可以让它去完成一项人所不敢去担负的危险、繁重、艰难的任务。它既可以代替人从事体力活动，而且力量远比自然人要大得多；同时，也可代替人进行某些脑力活动，比如进行运算和模拟。

## 第三节  智能武器的种类及作战功效

随着人工智能武器研究的不断深入，其性能更加先进，种类也越来越多，几乎涉及军事领域的各个方面。其中，既有硬杀伤的人工智能弹药，各种作战功能的智能飞机和智能战车，也有能执行特殊任务的"钢领士兵"、微型机器人，以及具有高度智慧的人工智能管理系统等，由于近几年人工智能技术的突飞猛进，这些系统的智能化水平也越来越高、并逐步向实用化转变。

人工智能技术在军事领域具有极为广泛的应用前景，而且越来越受到各国军队的重视和青睐。大力发展人工智能武器，已成为军队现代化的重要标志之一。人工智能武器种类繁多，主要有以下各类：

1. 智能弹药

与普通弹药不同，智能弹药加装有以微型计算机为核心的智能系统，其控制系统具有自主敌我识别、自主分析判断和决策能力，因此，智能弹药可实现精确打击。智能弹主要有：智能导弹、智能地雷、智能炮弹等。

(1) 智能导弹

智能导弹是智能武器家族中发展最快、战场应用最广泛的一种智能武器，由于这种导弹弹体内安装了人工智能微机和先进的图像处理装置等，因此具有一定程度的观察思考能力。战场发射后，依靠灵敏的传感器和视觉分析系统以及微处理系统，它能自动地完成信息接收、识别、分析和处理，"有意识地"寻找、辨别、跟踪、摧毁所要攻击的目标。

20世纪80年代以后，随着人工智能技术的飞速发展，智能化已成为现代导弹发展的一个基本趋势。如80年代后美国生产的几乎所有的导弹都采用了人工智能技术，在一定程度上实现了智能化。仅美国先后研制和使用的智能化反坦克导弹就有"黄蜂"反坦克导弹、"萨达姆"和"斯基持"反坦克子母弹、"海尔法"第三代反坦克导弹等。

此外，美国现装备的 BGM-109"战斧"式巡航导弹、SLAM 导弹、"爱国者"反导导弹、"哈姆"反雷达导弹等，虽然其性能各异、先进程度

不同，但都装有以电子计算机为主的综合处理信息的系统和制导装置，具有自动寻找、识别、跟踪、制导的能力，是现阶段智能化程度较高的高技术武器。这些智能导弹在当代多次局部战争中都发挥了重要作用，使导弹作为现代主要攻击武器的地位得到进一步加强。

（2）智能地雷

在智能弹药中，除智能导弹外，智能地雷是发展最快的一种。地雷的智能化，是古老的地雷在技术上的一次"突破式飞跃"，它使地雷从一种传统的被动式进攻武器变成了一种主动式进攻武器。目前已研制和使用的智能地雷有：

光电地雷。光电地雷是根据光电转换原理设计的反排雷装置。当排雷人员试图排除地雷时，光控部分能在瞬间激发强大电流而引爆雷体。

二次脉冲地雷。主要用于对付扫雷战车。它采用脉冲电子引信，引信采用声控技术，靠电子脉冲触发。当其经受来自扫雷车的第一个脉冲时，它不会引起地雷爆炸，而当扫雷车的履带或轮胎第二次压上引信时，地雷起爆，将扫雷车炸毁。

遥控地雷。采用遥控技术，地雷能通过本身的发射器回答指令或询问，并向控制者报告所处战斗状况，由于采用无线电编码信号，地雷具有很强的排除外界干扰的能力。另外，其电子保险及解脱装置可根据选择的程序自动启动或关闭地雷，遥控布雷区域生效或失效。

自动攻击地雷。美国正在研制的"赫尔米斯"智能地雷就是这种自动攻击地雷。它由自动寻的装置、火箭推进装置、敌我识别装置、计算机控制系统及战斗部组成，具备准确捕捉目标、计算弹道和主动攻击目标的能

力。不但可布设于地面，大面积杀伤敌步兵军团和坦克群，还可用飞机在空中投射。空投后，在助推火箭和电动推进器的帮助下，依靠音响和光电传感器，可在半径为 500～1000 米范围内快速自动寻找目标，一旦找到目标，其控制系统便点燃连接雷体的小火箭，使地雷准确地冲炸在目标上。美军发言人称，这种地雷除对付坦克等装甲目标外，稍加改进，还可用于攻击直升飞机。

反飞机地雷。主要用于对付武装直升飞机。它用钢丝吊挂在特制的装置下，在空中漂浮，可设置在飞机可能通过的航线上，形成空中雷区。一旦目标进入雷区，该雷可借助助推火箭和控制装置实施有效的攻击。

智能水雷、鱼雷。智能水雷和智能鱼雷广泛运用电子、水声、计算机、遥测、遥感、遥控等高技术，把各种感应源都设计在联合引信中，用微处理机控制水雷定时、定次和目标识别。可用铁锚固定在水中或潜卧在海底，当舰艇逼近时，水雷可迅速脱离雷钳，自动导向目标。目前正在服役或待服役的智能鱼雷和智能水雷：美国海军装备的 MK5 型潜用鱼雷、MK 50 型反潜鱼雷、MK60"捕手"新型深水水雷和 MK67 自航式沉底水雷等。

（3）智能化反装甲弹药

这类新型的反装甲（坚固目标）弹药，是冲破传统弹药的固有概念、为适应未来战争需求、脱颖而出的一种新弹药，具有卓越的反坦克等坚固目标的功能，被誉为"超级煞星"。主要有：末敏子弹药、智能坦克 BAT 子弹药、高威力小型化炸弹等。

末敏子弹药。末敏子弹药是目前正在发展的新型子弹药，主要用于反

装甲战车（或坦克）。由火炮、火箭炮、坦克炮或机载撒布器发射。能利用各种传感器在弹道末段对目标进行探测和识别，并适时起爆战斗部，达到摧毁目标的目的。末敏子弹药是一种效费比很高的反装甲子弹药，用它来摧毁装甲目标的效率要比用普通子母弹提高约20倍。装有末敏子弹药的炮弹与未制导炮弹相比，从摧毁目标的角度考虑，发射3发末敏弹才相当于发射1发未制导炮弹，但末敏弹技术难度小，其成本只相当于未制导炮弹的1/5～1/4。

"智能反坦克"BAT子弹药。它采用声和红外复合制导系统，有四个弹翼，翼尖有一根向前伸出的控杆，每根杆的顶端装一个麦克风，呈边长为0.9米的正方形配置。目标发出的声音到达每个扬声器的时间有微小差别，利用这个时间差可以确定目标的方向，控制系统操纵子弹药向目标区滑翔，然后红外寻的头锁定目标直到命中。子弹药在空中1000米高处对地面目标的定位误差为100米。美空军试图利用声控仪区分活塞发动机和涡轮发动机，以便用这种子弹药攻击防空系统的涡轮发电机组。每个BAT重约20千克，长900毫米，弹体直径140毫米，有4片折叠式弹翼（翼展914毫米）和4片弧形尾翼。利用串联式空心装药战斗部攻击目标，可击毁现有的各种装有爆炸反作用装甲的坦克。主要用于打击敌深度集群装甲目标。

带发动机的反装甲子弹药。美军正在探索下一代反装甲子弹药，要求精度高、杀伤力强、易部署而且耗费低。可用于打击敌纵深机动装甲目标，能自主搜索攻击各个目标。现已提出一种带涡轮喷气发动机的灵巧子弹药作为下一代反装甲子弹药的候选方案。这种子弹药装有先进的激光雷达寻的器和直径约100毫米的小型涡轮喷气

发动机，发动机增大了子弹药的射程和搜索范围。在一般巡航速度下，一枚子弹药可搜索长180千米、宽750米的目标范围。它由激光雷达寻的器导引，寻的器是一种精确成像激光测距仪，能探测并辨别各种目标。激光雷达既起寻的传感器的作用，又起战斗部智能引信的作用。它利用一套牢靠的演算系统开拓雷达的三维高分辨率测量能力，以便对新感知的图像进行详细考察，从而大大提高准确识别目标的概率。这种子弹药可由陆军战术导弹或多管火箭炮发射，也可用飞机在空中发射。由于装有低成本的涡轮喷气发动机，每个子弹药可在空中飞行约30分钟。弹上的全球定位装置和激光雷达寻的器相配合，可测定目标类型和位置，并传送给战场指挥员。当识别目标之后，子弹药就直飞至目标上方，从顶部攻击之。战斗部装有可用于攻击坦克、装甲车等坚硬目标的和攻击卡车、导弹发射架等易损目标的两种子弹药。子弹药上装有数据链，可把目标类型和位置信息中继给指挥控制通信与情报系统。利用低功率高频地址数据链使多个子弹药的信息相关联，以避免多个子弹药攻击同一个目标。

(4) 制导炮弹

制导炮弹，就是用各种压制火炮（榴弹炮、加农炮、迫击炮、火箭炮）等发射的装有某种制导装置的炮弹。制导炮弹没有发动机，像普通炮弹那样由火炮发射，却能像导弹那样捕捉目标。因此，许多人称制导炮弹是炮弹和导弹的"混血儿"。

制导炮弹的核心是炮弹上的制导装置，它主要由寻的头、电子设备和控制机构等组成。寻的头是炮弹的"眼睛"。当炮弹飞临目标上空

时，它就会自动寻找要攻击的目标。电子设备犹如炮弹的"大脑"，它能将炮弹飞行中与目标的方向偏差计算出来，告知控制机构，以便进行修正，控制机构的任务是接受误差信号，修正偏差，使炮弹准确地跟踪并击中目标。

制导炮弹主要有三种类型：主动式自动寻的制导炮弹、半主动式自动寻的制导炮弹、被动式自动寻的炮弹。

主动式自动寻的制导炮弹是由制导炮弹自身发出信号，碰到目标后又反射回来，并为炮弹的寻的器所接收，从而引导炮弹飞抵目标；半主动式自动寻的制导炮弹，是由目标照射器发出光束并照射到目标上，碰到目标后又反射回来并为炮弹的寻的器听接收，弹上的制导装置沿着这条激光回波，将弹丸准确地引寻到目标上；被动式自动寻的制导炮弹单纯依靠目标辐射信号，由弹丸导引头接收并将其导向目标。

2. 智能装备

智能装备主要是指能够自动驾驶并自主完成一定战斗任务的智能车辆、智能飞机、智能潜艇、智能火炮等武器装备。

（1）智能战车。

智能战车是无人驾驶并自动执行战斗任务的智能装备。这些智能化装备上一般装有多种传感器、探测器、智能计算机和电视摄像机等，是具有一定"思维"、"判断"、"决策"能力的无人驾驶战车。目前，已研制或正在研制的智能车辆有：

智能坦克。亦称无人驾驶自主式坦克。据称，美国已研制的一种无人驾驶坦克在时速64千米的情况下，能自动识别道路，区分人造物与天然物，绕过障碍，绘制地形图，辨识目标并将搜集到的情报报告给指挥部，

而且能自主完成指挥部下达的有关作战任务。

国际领先的中国无人智能战车"五兄弟"

智能侦察车。智能侦察车主要用于战场侦察，美国研制的"自主式地面车辆"——ALV就是这种智能战车，其外形略大于普通面包车，有八个车轮，利用其装配的电视摄影机、先进计算机和人工智能组件，它可以自主地观察、识别、选择行进路线。美国国防部已投资近一亿美元进行这种智能侦察车的制造，以期尽早投入实战使用。

智能反坦克战车。智能反坦克战车是一种专门对付敌方坦克的智能武器。车上装有反坦克导弹、电视摄像机和激光测距机，由电脑和人两种控制系统控制。当发现目标时，它能自选机动或由远处遥制人员指挥其机动，占领有利射击位置，通过激光测距确定射击诸元，瞄准目标发射导弹。

（2）智能飞机

智能飞机亦称无人驾驶飞机，早在上世纪40年代，就已出现了无人驾

驶侦察机，成为战场侦察的有效工具。随后，用于各种不同目的的无人驾驶飞机不断涌现，在二次世界大战中大量使用，发挥了重要的作用。70年代以后，遥控技术、传感技术、微电子技术以及隐身技术等高技术的发展和应用，使无人驾驶飞机如虎添翼，成为能够完成侦察、电子对抗等各种战斗任务的智能兵器，在现代战争中发挥了重要的作用。

由于无人驾驶飞机具有风险低、成本小、发展潜力大、可利用性高等优点，而且尺寸小，机动性能、隐身性能都高于有人驾驶飞机，又无人的生理限制，已成为世界各国发展的重点。据推测，各国无人驾驶飞机的总数将达到23000架之多。不仅如此，世界各国在利用人工智能技术大力发展无人智能飞机时，还开发了一些新的智能军用飞行器。目前的智能飞机主要有："猎犬"无人机、"蚋蚊750"无人机、"捕食者"无人机、"蒂尔"无人机、"侦察兵"无人机、"先锋"无人机、"徘徊者"无人机、"搜索者"无人机、"苍鹭"无人机、"眼视"微型无人机系统、杀伤型无人机等等。而在未来，无人侦察机将是发展的主流，电子战无人机日益受到重视，无人直升机将得到发展，无人驾驶轰炸机、攻击机已列入计划，隐形无人作战飞机即将出现，通用无人机也将研制出来。

（3）智能潜艇

与无人驾驶飞机一样，智能潜艇也是一种自动驾驶装备。它是能完成具有较大风险的水下任务的智能装备。主要有袖珍无人潜艇、自主式智能潜艇、LRAS远程自控潜艇、无人潜水器。

（4）智能火炮

目前正在研制的智能火炮有智能防空火炮和智能榴弹炮。

智能防空火炮。国外正在研制通过计算机和其他新技术指挥作战的无

人火炮系统，即"智能防空火炮"。有的是在原有自选高炮的基础上，运用人工智能技术、改进雷达、光电跟踪和探测、测距装置，以及更先进的火控系统，使之可自动搜索、跟踪和瞄准目标，并根据不同性质的目标自动装定所需的引信。这种高炮能全天候作战，射击反应时间将大大缩短，射击精度将大大提高。

智能榴弹炮。外军正在研制可控式无人加强自行榴弹炮。这神智能榴弹炮能够自行定位、装药、自动测距、计算射击诸元。如美国研制的155毫米机器人榴弹炮，由一门155榴弹炮、一套机器人弹药输送系统、一台遥控电视摄像饥、底盘等部分组成。其特点是：无人操纵，具有全天候作战能力，适合在核、生、化环境中作战；计算机控制的机械手能自动选择所需的弹丸和装药；不需要人的参与可做出非关键性的决定，自动完成各种操作，从而大大减少了人的工作量和战场伤亡。

3. 智能灰尘

近几年，由于硅片技术和生产工艺的突飞猛进，集成有传感器、计算电路、双向无线通信技术和供电模块的器件的体积已经缩小到了沙粒般大小，但它却包含了从信息收集、信息处理到信息发送所必需的全部部件。这种沙粒般大小的器件被称为智能灰尘。它是指具有计算机功能的一种超微型传感器，它可以探测周围诸多环境参数，能够收集大量数据并进行适当计算处理。每一粒灰尘都是由电池、传感器、微处理器、双向无线电接收装置和使它们能够组成一个无线网络的软件共同组成的。其中，电池是传感器正常工作所必需的能源；传感器用于感知、获取外界的信息，并将其转换为数字信号；微处理器负责组织协调节点各部分的工作，如对感知部件获取的信息进行必要的处理、保存，控制感知部件和电源的工作模式

等；无线部件负责与其他智能灰尘通信；软件给传感器提供必要的软件支持，如嵌入式操作系统、嵌入式数据库系统等，通过编程来实现各种不同的功能。智能灰尘最终的目标是把无线部件、网络、传感器和处理器部件集成在单块芯片上。未来的智能灰尘能够仅依靠微型电池就能工作多年。

智能灰尘有以下几个方面的应用：

无线网络。大量的智能灰尘可以构成无线传感器网络，可以侦察、感知战场环境的态势，实时地提供有关战争过程中的有效信息，是未来战争中加强掌握战争主动权优势急需发展的军事电子信息化装备。这种类似于灰尘大小的系统通过微型飞行器等方式散布在战场上，能实时地将战场态势探测、处理，并传送给指挥中心。这种无线传感器网络不仅应用在军事上，在民用领域也具有广泛的应用前景。

军事侦察。智能灰尘系统也可以部署在战场上，远程传感器芯片能够跟踪敌人的军事行动。智能灰尘可以被大量地装在宣传品、子弹或炮弹壳中，在目标地点撒落下去，形成严密的监视网络，敌国的军事力量和人员、物资的运动自然一清二楚。

对抗生化武器。智能灰尘还可以用于防止生化攻击，它通过分析空气中的化学成分来预告生化攻击。美国加州大学化学家塞勒和他的研究员们正在努力研究灰尘一样大小的传感器，并使那些最小的传感器变得更加聪明。他们研发的微型传感器大小比一根头发丝还要细，但每一个传感器只能完成一项工作，就是只能检测一种确定的化学物质。其中一个小组研究的传感器尺寸只有分子大小，而且比较便宜。这些粒子传感器可用于沙林气体监测和水中细菌污染测试。这些装置还可以被植入人体内寻找细小的癌细胞，其他的设备只能在癌细胞足够大时才能发现它。其实许多科学家

也在尝试使用这些微型传感器来对抗生化武器。

军事医学。英特尔正在研究通过检测压力来预测初期溃疡，以及通过检测伤口化脓情况来确定有效抗生物质的"智能绷带"。智能灰尘将来可以植入人体内，实时监控士兵身体状况。美军佩戴在士兵身上的个人状态监视器，具有定位和无线收发功能，它能进入全球卫星定位系统和军用高级无线电话系统，以监测寻找伤员位置，遥测生命特征。

空间探测。遥远而神秘的外星一直带给人类无限遐想，承载着人类对未来的希望。在大多数的宇宙探测计划中，不外乎是使用诸如"机遇"号或"勇气"号之类的探测器来探索外部星球。新型智能灰尘将成为新一代太空探索工具，它可以乘着太空中的气流旅行到达常规星际探测器无法企及的星球和星系。操纵人员将能够控制智能灰尘在被研究行星大气中的运动情况。

单个的微型探测器之间还通过无线通信方式开展相互协作。虽然这些智能灰尘只能与相距很近的同伴进行联络，但如果能够构建出一片浓密的智能灰尘云雾，那么搜集到的信息将能被传递到很远的地方。研究人员认为，智能灰尘可以被储存在空间探测器的前部并被抛撒到指定的区域。

4. 昆虫机器人。

"昆虫机器人"是 20 世纪 90 年代初美国提出的一个新概念，它是基于对昆虫运动机理的分析，按照一种新的设计思想设计的。美国新式"昆虫机器人"基本构想是：在昆虫还处于"幼蛹"阶段时把微型控制器装置植入昆虫体内，从而使"微控制器"随着昆虫器官的生长而逐步融为一体。当昆虫长大成熟后，科学家就可以通过操纵微控制器来影响昆虫的行为，进而使他们全心全意为军事服务。这样的昆虫机器人能够进入间谍或

侦察人员绝对无法进入的地方执行各种侦察与破坏任务，也能对飞机或卫星上的系统无法发现的地方进行侦察。

昆虫机器人的优点是体积微小、轻巧灵活、造价低廉、不易损坏，尤其是伪装成各种昆虫的样子，不易引起人们的注意。因此，与大型机器人系统相比，其更受军方和情报人员的青睐。预计在今后的20年至50年内这种昆虫机器人将会在战场上大显身手。未来组建的甲虫、蟑螂、金龟子、苍蝇、蜻蜓、飞蛾、壁虱等等昆虫机器人将广泛用于反恐作战、情报侦察、水下探测等实战中。

# 第八章 生与死的主宰——基因武器

"人类基因组计划"（HGP）与"曼哈顿原子弹计划"、"阿波罗登月计划"并称为人类自然科学史上的三大计划。2000年6月26日，美国总统克林顿与英国首相布莱尔通过卫星传送联合宣布了人类历史上第一个基因组草图绘制完成的消息，给全世界造成了巨大的震动。世界各国在庆贺这一"有史以来最大的科学成就"时，普遍表现出了审慎的态度：这个重大突破会不会像原子物理学那样用于战争？其潜在的可能性很值得忧虑。

"可以拯救生命的发现有可能带来危险的滥用"，美国总统克林顿在2000年所说的这句话在今天看来并非危言耸听。基因既能造福人类，也有可能制成基因武器给人类带来灭顶之灾。我们对滥用人类基因组知识的行为万不可掉以轻心。

## 第一节　基因武器的概念

基因武器是运用基因工程技术，用类似工程设计的办法，按需要通过基因重组，在一些致病细菌或病毒中植入能对抗普通疫苗或药物的基因，或者在一些本来不会致病的微生物体内植入致病基因。一句话，就是用DNA重组技术，使不致病的细菌或病毒成为致病的；使可用疫苗或药物预防和治疗的疾病，变得难于预防和治疗。

自1945年人间升起了第一朵核蘑菇云后，人们对核武器的关注超过了对世界上任何一种武器。然而，就在公众注意力几乎全扑在核武器上时，有人却在暗地里加快了研制一种更加可怕的神秘武器的步伐。这种武器不是用核威力杀伤生灵，但具有近似于或超过核武器的杀伤效果。这种"具有许多一般武器所不具有的杀伤效能和不同于核武器的若干独特的长处"的武器，备受一些超级大国的青睐。这种异常恐怖、残酷的毁灭性武器就是基因武器。它像一条毒蛇猛兽，正悄悄地逼近人类，它带来的灾难将是空前的，它将使未来战争更加残酷，更加复杂多变。难怪许多科学家对基因武器的忧虑远远超过当年一些核物理学家对原子核武器的忧虑，他们急切地告诫人们："要警惕啊，人类头上新的灾难！"

基因武器是从生物武器发展而来的，让我们先来看看生物武器。生物武器是利用生物战剂使人畜致病、植物受害的一种大规模杀伤的破坏性武器。

基因武器发射

长期以来，联合国在禁止生物武器研制、使用和储存方面制定了若干个公约，其中有1925年签订的《禁止生物武器的日内瓦议定书》，1972年4月10日签订的《禁止发展、生产和储存细菌（生物）武器和毒素武器，并销毁此类武器公约》。从1991年起，联合国一直在考虑强化生物武器公约的权威性，并成立了"政府专家特别小组"来评估核查条约的不同手段。但总有一些战争贩子及超级大国，敢冒天下之大不韪，不断使用或研制生化武器。因为他们从来不相信国际生物武器公约对制止或核查违约行为能起到强制性作用。

在抗美援朝战争中的一天，在中朝边境城市。一架美国飞机破空而过，人们对它早已司空见惯。但是，这一次当人们回到田地里的时候，竟意外地发现了一些奇怪的容器破片和在它周围蠕动着的昆虫及零乱的鸡毛。这些到处散乱的破片，除了金属之外最多的是有着很多小洞的石灰质做成的东西。人们立刻把它们拿到军队去检验，判明虫子是"黑蝇"和"蜘蛛"。从虫子和羽毛上检验出有"炭疽病"的细菌。专家们立刻检查了朝鲜和我国东北的家养鸡羽毛，都没有发现炭疽菌。结论已很清楚了：这是放在特殊容器内从飞机上投下的带有炭疽病菌的昆虫和羽毛。其后，这个地区出现了因肺炭疽病和出血性炭疽脑膜炎的死亡者。他们大多是接触过昆虫和破片的人。这是美军使用生化武器的铁证。

第八章 生与死的主宰——基因武器

接下来，我们言归正传，看看由生化武器发展而来的基因武器。

基因工程是近年来新兴的一项科学技术，它的目的就是把一种生物体的、携带一定遗传信息的基因，引入另一种生物体内，从而使后者获得前一种生物体所特有的生命特征。因此，基因工程也叫遗传工程。基因是遗传学上的一个术语，是遗传的基本单位。基因是细胞核内起遗传作用的物质，它的化学组成是DNA，也就是人们常说的脱氧核糖核酸。人体的一切特征，如皮肤颜色、身材高低、胖瘦、性别等，都由基因控制。生物的特征就靠基因一代代传下去。

1973年，以科思为首的科学家先从大肠杆菌里分离出两个不同的DNA分子，然后再把它们重新组合在一起，这个杂交的DNA分子，再被引进到大肠杆菌细胞里。结果，新的DNA分子在细胞里，不但能复制出跟自己一模一样的分子，而且能表达双亲的遗传信息。这是遗传工程的第一个成功的实验。

1974年，科思等人再次把金黄色葡萄球菌的DNA分子（能抗青霉素）和大肠杆菌的DNA分子重组在一起，同样取得成功，使大肠杆菌能表现抗青霉素的特征。后来，他们又用动物细胞的基因和大肠杆菌DNA分子重组在一起，结果同样取得成功。

基因工程技术的出现，是一件极大的好事。人们可以把一种生物细胞里的有利基因，搬入另一种生物细胞里，有步骤地来改造某些生物，培养出优良的品种，给工农业生产和医药卫生等方面，带来美好的前景。

举例来说，大家都知道豆科植物的根部有根瘤菌共生，根瘤菌有固氮的作用。这就是说在田间常温压条件下，能把空气中的氮分子，固定成为可以被植物利用的氮，作为植物的肥料（氮肥）。因此，大豆、花生等豆科植物，它们本身就具有天然的"氮肥厂"，不施氮肥也能得到相当好的收成。据不完全统计，全世界每年通过生物，大约能固定17500万吨氮，而1974年世界氨肥工厂的产量仅4000万吨。玉米、小麦、水稻等主要粮食作物，根部没有根瘤菌与之共生，要想获得高产，必须施用大量氮肥。现在世界上的许多化肥工厂，主要也就是解决上述农作物的氮肥问题。现在人们正在研究把固氮微生物的"固氮基因"，转移到玉米、小麦、水稻等主要农作物根部生长的细菌中去，使它们获得固氮的能力，为农作物提供氮肥。有人甚至设想，干脆把固氮微生物的"固氮基因"，转移到小麦等作物的细胞中，从而获得自己能供应自己氮肥的新农作物品种，这样就可以大大减少化肥厂生产的氮肥了。

在蚕丝生产方面，从古到今养蚕人需要桑田。有朝一日如果能把产生丝蛋白的基因引入细菌细胞中，使细菌具备合成丝蛋白的能力，那么人们就可以在发酵罐中生产蚕丝，大大缩短生产蚕丝的周期，并使整个蚕丝生产过程，从农民一家一户地生产，转变为大工业生产。

在医药卫生方面，抗菌素的生产现在所用的菌种，发酵时间长，产量低，如果人们应用基因工程技术，把产生抗菌素的有关基因，移植到发酵时间短、又易于培养的细菌中去，就可以大大提高抗菌素的产量了。

现代基因工程就像现代造物主，由它们改造和创造的新生物正在一批一批从实验室走向大自然，人们对此又喜又忧。喜的是，人们终于掌握了这项尖端技术，用来为人类造福；忧的是，万一有人用这种技术创造出一个祸害人类安全的怪物，后果不堪设想。美国一位生物学家指出：基因工程的发展，为人们提供了利用一个细胞复制另一个一模一样的人的可能性，人类在20年后，甚至有可能复制出贝多芬、华盛顿或爱因斯坦等世界名人。可怕的是有人已在研

究生产所谓"不可制服的生物武器"——基因武器，进行生物战。

## 第二节　基因武器的原理和特点

基因武器的杀伤破坏作用不是靠弹片或炸药，而是靠其中装载的生物战剂，使人员、牲畜等致病或死亡，也可大规模毁伤农作物，从而削弱对方的战斗力，破坏其战争潜力。基因武器与核武器、化学武器一样，是一种大规模杀伤性武器。最早因受科学技术水平所限，基因武器所用的生物战剂主要是具有致病性的细菌，故基因武器也被称为"细菌武器"。随着科学技术的发展，现在组成生物战剂的除细菌外，还包括病毒、毒素、真菌、衣原体和立克次体等致病微生物，以及细菌所产生的毒素等，通称为基因武器，或生物武器。

1. 基因武器的原理

在基因武器系统中，生物战剂是构成其杀伤威力的决定因素。生物战剂的种类繁多。按生物性质可分为：细菌、病毒、立克次体、衣原体、毒素和真菌。按引起疾病的严重程度不同，一般分为致死性战剂和失能性战剂两类。致死性战剂是指病死率在10%以上，甚至达到50%～70%的生物战剂，如鼠疫杆菌、霍乱弧菌、炭疽杆菌、野兔热杆菌、肉毒杆菌毒素、斑疹伤寒立克次体、黄热病毒、东方马脑炎病毒等；失能性战剂是一种病死率低，仅使患者失去工作或战斗能力的生物战剂，典型代表为：布氏杆菌、Q热立克次体、球孢子菌等。

生物战剂可以通过多种途径侵入机体。(1) 通过空气经呼吸道侵入人体。利用各种喷雾装置或爆炸装置将生物战剂撒布在空气中形成生物战剂气溶胶，能造成大面积污染，人、畜吸入污染的空气即可致病。(2) 通过水和食物经消化道侵入人体。活的生物战剂在水和食物中比在空气中可存活更长时间。有时还可以在食物中繁殖，少量的生物战剂即可使水源长期污染。(3) 通过吸血昆虫叮咬经皮肤侵入人体。在昆虫体内，生物战剂能长期存活，如乙型脑炎病毒和黄热病毒在蚊体内可存活 3~4 个月，有的生物战剂还可经昆虫的卵传给下一代。这些带有病菌的昆虫可使人畜传染致病。

为达成一定的军事目的，生物战剂由专门的施放器材施放。生物战剂施放器材主要包括喷雾装置和弹体。这些器材通常借助运载工具来实施生物战剂施放。生物战剂的施放方式很多，可利用飞机等投放装带菌昆虫动物的装置；也可利用飞机、舰艇携带喷雾装置，在空中、海上施放生物战剂气溶胶；或将生物战剂装入炮弹、炸弹、导弹内施放，爆炸后形成生物战剂气溶胶。生物战剂主要用于攻击敌方军队集结地域、后方地域、交通枢纽、经济区和居民区。

前面已经讲过，基因武器是运用基因工程技术，用类似工程设计的办法，按需要通过基因重组。换句话说，就是用 DNA 重组技术，使不致病的细菌或病毒成为致病的；使可用疫苗或药物预防和治疗的疾病，变得难于预防和治疗。例如，在大肠杆菌中，投入能使大批人畜死亡的炭疽基因，将它撒入敌方境内，就会使敌人不战而亡。

人类不同种群的遗传基因是不一样的，将基因表现的不同产物当作攻击目标是完全可行的。诱发艾滋病的 HIV，不同人种的易感性就有很大区别，而理论上基因武器的特异识别能力要比 HIV 高得多。

这种新型武器在未来战争中，有着特殊的效能和广泛的使用价值，既可作为战略武器攻击敌方广泛的后方目标，又可作为战术武器杀伤敌方的战场目标。使用致癌病毒细菌制成的基因武器，就会引起基因突变，随之生物性状也发生变化，引起严重的新型疾病。大量使用基因武器突然攻击敌方，可使敌后方人员丧失战斗力，并给敌方造成遗传性损伤，遗传给下一代，如造成永久性不育、畸形等。

基因武器可以根据人类的基因特征选择某一种族群体作为杀伤对象。因此，科学家们也称这种武器"只对敌方具有残酷杀伤力，而对己方毫无影响"。按照美国国家人类基因组研究中心的报告，由多国联手开展的人类基因组计划已经完成，排列出组成人类染色体的30亿个碱基对的DNA序列，揭开生命与疾病之谜，一旦不同种群的DNA被排列出来，就可以生产出针对不同人类种群的基因武器。

2. 基因武器的特点

美国塞莱拉基因组公司董事长克雷洛·文特尔警告说："人类掌握了能够对自身进行重新设计的基因草图以后，人类也就走到了自身命运的最后边界。"

与造价昂贵的大规模杀伤性武器相比，杀人不见血的基因武器有着许多无可比拟的优势：

（1）成本低，杀伤能力强。有人估算，用5000万美元建立一个基因武器库，比花50亿美元建立核武器库具有更大的效用。英格兰北部布拉德福大学马尔科姆·丹多教授在《生物技术武器与人类》一书中说，只要用多个罐子把100千克的炭疽芽胞散播在一个大城市，300万市民就会立即感染毙命。据称，美国曾利用细胞中的脱氧核糖核酸的生物催化作用，把

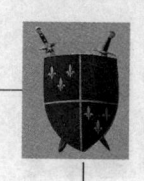

一种病毒的 DNA 分离出来，再与另一种病毒的 DNA 相结合，拼接成一种具有剧毒的"热毒素"基因毒剂。

（2）方法简单，施放手段多样，可用人工、飞机、火炮、导弹将带病菌的昆虫或带有致病基因的微生物投入敌方的河流、城市、居民地。也可通过江河、城市水源、供水系统、交通要道施放。只要将病毒放在一只普通的密码箱中，就可轻易通过海关检查。

（3）保密性极强，难以防治。经过改造的病毒和病菌基因，就像一把特别的锁，只有掌握"密码"的人，方能打开这把奇锁。即使清楚敌人使用了基因武器，要查清病毒来源与属性也需要很长的时间。可见，基因武器比其他兵器保密性更好，比其他兵器更难防护。1995 年，当美国西南部流行一种名为 hanta virus 的病毒时，美国科学家动用了世界上先进的研究手段，用了 5 天时间才查明病毒属性，找出抗病毒方法。

（4）基因武器可任意重组，达到不同的目的。绘制出基因组图，可以根据己方需要，对原有的基因进行任意重组，达到各种不同的目的。比如说，日耳曼人和印第安人的基因不一样，可以专门针对日耳曼人的基因做出一些改变，这种武器就只对日耳曼人产生作用，而且具体要达到什么作用完全可以控制，昏迷、产生幻觉、致病甚至死亡，想达到什么效果就可以达到什么效果。

（5）只伤害敌方，不伤害己方（预先注射抗体疫苗）。一是因为人类各种群的基因不一样，而基因武器具有高超的特异识别能力，只对固定的基因携带者发生作用；二是己方在施放基因武器前，为防止意外情况，可以先注射抗体疫苗，因为是自己重组的基因，知道变化发生在哪里，哪里是关键，所以研制疫苗就很简单了。

(6) 受自然条件影响大。基因武器多通过生物战剂的投放达到作战效果，但是这样的投放受自然条件影响大。生物战剂多为活的微生物，易受温度、湿度及日光照射的影响，如紫外线对生物战剂气溶胶有较大的灭活作用；风速超过 8 米/秒或近地面大气层处于对流状态，都能使生物战剂气溶胶难以保持有效的感染浓度；战场风向的掌握也十分困难，一旦风向突变，战剂云团就不能到达预定目标，相反可能危及施放者本身。另外，降水、下雪、浓雾等气象条件也将限制生物战剂的施放。对自然因素掌握不好，就会大大增加生物战剂的衰亡率，达不到使用生物战剂的预定目的。据 1970 年世界卫生组织顾问委员会的报告，病毒类生物战剂气溶胶每分钟衰亡率约为 30%，立克次体为 10%，鼠疫杆菌、野兔热杆菌、土拉杆菌为 2%。此外，地形、地物对生物战剂气溶胶的扩散和传播也有一定的影响。

(7) 无立即杀伤作用。基因武器作用于人体后，要经过长短不等的潜伏期才能发病。短者数小时（如葡萄球菌肠毒素），长者 10 余天（如 Q 热）。如能早期发现，并采取正确防护措施，在思想上做好充分准备，就能减少或避免其伤害。

## 第三节　基因武器的种类及作战功效

### 1. 基因武器的种类

基因武器按照投放方式的不同，可分为飞机投放、炮弹（导弹）投放、人或动物携带基因武器；按照基因武器传染的介质不同，可以分为通

过人、水源、空气、动植物、物品传染的基因武器；按照基因武器所投放的生物战剂可以分为武器化失能性、致死性基因武器，二者以死亡率10%为临界点，死亡率低于10%为失能性基因武器，高于10%为致死性基因武器。

2. 基因武器的作战功效

美国和前苏联在高度保密状态下研究、试验基因武器，并已取得相当进展。美国马里兰州的美军医学研究院，就是一个基因武器研究中心。在那里，已经完成了从大肠杆菌中接入炭疽病菌基因，在普通的酿酒菌中接入细菌基因，这两项都可直接用于实战。前苏联已制成一种能使敌方作战人员在规定时间内腹泻不止或流泪不止的基因武器，它可穿透当时北约的任何防护装备。1979年4月3日，前苏联斯维尔德洛夫斯克市西南部一个生物武器基地发生爆炸，逸出大量的炭疽杆菌。尽管政府采取了极其严密的防护、急救措施，结果仍引起炭疽病流行，死亡1000余人。可见，基因武器的杀伤是一打一大片，一杀一条线，遗患无穷。它的研制、发展和使用，将对人类安全构成极大威胁。但是，当今世界上没有"不可制服的武器"，正像有雷达就有反雷达，有导弹必有反导弹那样，有朝一日必会出现反基因武器的设备和措施。

超级大国致力开发基因武器的原因很简单，因为基因武器在作战中有着其他武器无可比拟的克敌效果：

（1）致病性强。基因武器的生物战剂具有很强的杀伤威力，致病性强，很小的剂量即能引起人、畜中毒或死亡。据有关文献报道：A型肉毒毒素的呼吸道半致死浓度仅为神经性毒剂VX的3%；人员吸入一个Q热立克次体，就可能引起Q热感染；成人吸入20个到50个土拉杆菌即能发

病；在理想条件下，1克感染Q热立克次体的鸡胚组织、分散成1微米的气溶胶粒子，就可以使100万以上的人受感染；12个被鸟疫衣原体感染的鸡蛋，就可以感染全球居民。如果一种烈性传染病在一个地区流行，就必须在当地迅速采取严密封锁和检疫等措施；若发生在工业中心、交通枢纽或部队集结地域，就会使生产停顿、交通中断、兵力难以调动，而且还要投入大量人力物力从事医疗和防疫工作。有人计算，如果一个城市30%的人突然发病，全市防疫工作必然遭到破坏，其功能几乎丧失。同时还会造成人们的心理恐慌、社会动荡，后果不堪设想。

(2) 传染速度快。大多数基因武器的生物战剂都是具有高度传染性的致病微生物，对人的致病能力也很强，且易在人群中迅速传染流行，不仅可以造成部队因传染病流行而大量减员，而且容易造成社会混乱。历史上曾发生过鼠疫、霍乱、流感等急性传染病大流行，从一个洲到另一个洲，甚至席卷全世界的悲剧，给人类带来了巨大的灾难。这些致病微生物之所以有极强的传染性，是因为它们不仅能在人体内大量繁殖，而且还能不断污染周围环境，使更多的接触者发病。

(3) 污染范围广。基因武器可将生物战剂分散成气溶胶状后施放。这种分散技术在适当气象条件下，可造成大面积污染。据有关资料报道，1950年9月，美军作了一次小型试验，在距海岸3.5千米的军舰甲板上，喷一种不致病的细菌芽孢，喷洒29分钟，航行3.2千米，4小时内在陆地上气溶胶扩散面积达256平方千米，高度45米左右。1969年，联合国秘书长在一次报告中推算：一个500万升的储水库，投放0.5千克沙门氏菌后，如果均匀分布，就可污染整个水库。人若饮用污染水100毫升，就可能严重发病。如果使用剧毒物氰化钾，则需要10吨才能达到同样效果。

在核武器、化学武器和生物武器中，生物武器战剂单位重量的面积效应最大。据世界卫生组织出版的《化学和生物武器及其可能的使用效果》一书介绍，一架轰炸机所载的核武器、化学武器和生物武器对无防护人群进行假定的袭击所造成的有效杀伤面积为：100万吨当量级的核武器为300平方千米；15吨神经性毒剂为60平方千米；10吨生物战剂为10万平方千米。另外的资料说，一艘行进中的船，在离海岸16千米处施放直径2微米的"干粉"200千克，污染范围可达11520平方千米。据称有的国家已从技术上发展了生物武器的导弹系统，这就更能发挥其大面积效应的特点。

虽然在技术上还有许多难题，但基因武器一旦出现，其战略威力将比核武器还要大，因为拥有这种武器的人不必顾虑对自己及对地球整体环境的破坏。基因武器的使用者再也不必兴师动众，而只需在战前将基因病毒投入他国地域，或利用飞机、导弹将带有致病基因的微生物投入他国地域，让病毒自然扩散、繁殖，就会使敌方人畜在短时间内患上一种无法治疗的疾病，从而丧失战斗力。基因武器的使用到发生作用都没有明显症候，即使敌方发现了也难以破解遗传密码和实施控制。所以，基因武器一旦使用，便会使敌方某种程度上束手无策，坐以待毙。

如果大家还对基因武器的作战效能有疑问：能有这么大的危害性吗？请看看这些事例。人们记忆犹新的是"两伊战争"中的一个悲惨镜头——在伊拉克第二大城市巴士拉东北，伊朗军队正向伊拉克阵地发起冲锋。突然，从对方纵深打来一排炮弹，几声沉闷的爆炸后，随即升起一人高的雾团，趁着风势滚滚压向进攻的人群。只见伊朗士兵接二连三地倒下，在地上痛苦挣扎。其余的人惊慌失措，掉头便跑……这是1984年2月中旬伊拉克使用化学武器挫败伊朗攻势的一幕可怕情景。两伊战争中，伊拉克曾多

## 军事小天才
### Jun Shi Xiao Tian Cai

次对伊朗使用生物毒剂。1985年3至4月，伊拉克对伊朗进行了32次生物袭击，到1985年底，伊朗已有5000人死于毒剂中毒。前些年，侵柬越军在柬埔寨使用了刺激性、失能性、神经性毒剂。仅1986年11月8日，越军在柬埔寨马德望省投放化学毒剂，就造成柬埔寨平民数百人中毒，40余人死亡。1987年7月20日，前苏军战斗机在阿富汗坎大哈省阿尔冈达布村投掷毒气弹，使附近12个村庄数百人患上了眼病和皮肤病。

其实，人们早就认识到了遗传基因工程有被滥用的可能。1972年联合国就通过了《禁止试制、生产及销毁细菌（生物）和毒剂武器公约》，1975年联合国再次通过了《禁止使用生物化学武器》的决议，但少数国家发展生物武器的步伐却一天也没有停止过。在新的世纪，那些致力发展基因武器的战争狂应该扪心自问：我们是要给子孙后代留下一个和平的世纪，还是一个黑暗恐怖的世纪？

# 第九章 网络杀手——计算机病毒武器

1946年2月14日，人类历史上第一台计算机在宾夕法尼亚州的一所大学实验室里诞生。1996年2月14日，美国副总统戈尔代表美国总统克林顿亲临该校，再次按动了这台沉睡了几十年的庞大计算机的开关键，迎接信息时代的到来。

50多年过去了，计算机已经告别了昨日的笨重，相继走完了第2代、第3代、第4代的历程，第5代智能计算机正在发展之中。计算机变得小巧便携，操作便利，价格适宜，其运算速度已发展到每秒钟万亿次。

计算机，这个当今世界的宠儿，在社会生活中起到了举足轻重的作用。但它同时也进入了科技发展的怪圈之中，开始对人类构成危害，其中最大的危害就是计算机病毒。

# 第一节　计算机病毒武器的概念

计算机病毒产生的历史并不长，到目前为止也就20来年的时间，但就在这20多年当中，其危害远远超过了人们的预想。

计算机病毒是依附在计算机程序中、破坏计算机正常运行并能自我繁衍的一种有害程序。它就像自然界的其他病毒一样，有很强的传染性。它能通过软盘、终端、通信网络或其他方式潜入计算机或计算机网络，引起单机或整个计算机网络运行紊乱，甚至瘫痪。

计算机病毒武器是指利用计算机病毒袭击军用计算机系统或网络，造成敌方指挥失灵、武器失控、通信中断或信息泄密，实现其破坏意图的一种新型武器。

早在1977年夏季，一位美国人写了一本科幻小说。在这本书中，作者幻想出了世界上第一个计算机病毒。在当时，这本科幻小说引起了世人的高度关注，但人们只不过将其视为一种科学幻想。

首次提出计算机病毒这一正式命题的是美国科学家弗瑞德·科亨博士。他于1984年9月在加拿大多伦多国际信息处理联合会计算机安全技术委员会举行的年会上，发表了题为《计算机病毒原理和实验》的论文，其后又发表了《计算机和安全》等论文。然而，科亨博士的论文并未引起人们的重视。因为，他的实验毕竟是在实验室里进行的。

到了1987年，计算机病毒才开始被人们所认知，并引起了计算机领域

专家们的高度关注。1987年10月，美国特拉华大学计算机中心发现一种名为"巴基斯坦"的病毒。它之所以被称为"巴基斯坦"病毒，是因为该病毒的制造者是巴基斯坦人，这是一种引导扇区感染型病毒。不久，在美国和以色列等国家相继发生了计算机感染病毒事件。

1988年11月2日，是人类应该记住的日子。就在这天晚上，美国康奈尔大学计算机科学系的研究生莫里斯制作了人类历史上第一个攻击军方计算机网络的计算机病毒，并将这一病毒程序植入计算机网络系统。不料这一程序以闪电般的速度不断自行复制，迅速传染，一夜之间病毒从美国的东海岸传到美国的西海岸，进入美国国防部五角大楼的阿帕网和军用计算机网，致使美军8500台计算机遭袭击，其中6000台计算机停机，直接经济损失达1亿美元。

莫里斯设计的这个病毒程序很出色，只有6000字节，他利用破译的口令冒充合法用户，利用美军阿帕网和计算机内保留的调控程序软件，运行程序中的活门（也称之后门）及开放的Unix操作系统，插入病毒程序，导演了一场恶作剧。

自从第一个计算机病毒诞生后，其发展速度实在令人惊讶。1990年1月，美国电话电报公司的交换台计算机系统出现了一种传染性故障，并扩散至整个庞大的电话网络，导致几百万用户不能使用长途电话达9小时之久。1990年8月，美国陆军的一位情报军官说，有充分理由相信这件事是软件破坏分子利用计算机病毒蓄意制造的。

1992年3月13日，尽管新闻媒体事前提醒人们要注意这一天的"米开朗基罗"病毒，但仅欧洲就有2000多台重要部门的计算机网络系统受到了该病毒严重侵害。

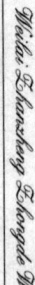

根据引导方式，计算机病毒可以分为3大类：

一是系统引导型病毒：这种病毒是在系统引导下进入到计算机系统中，获得对计算机系统的控制权，在完成其自身的安装后才去引导系统。在用户看来，计算机的DOS系统是在正常工作状态，但实际则是此时的计算机和整个系统已在病毒程序的控制之下。这类病毒的典型代表有米开朗琪罗病毒、磁盘杀手病毒和2708号病毒等。

二是文件引导型病毒：这类病毒都依附在系统可执行文件或覆盖在文件上，在文件进入系统运行时，引导病毒程序进入到计算机系统中。极少数文件型病毒程序就能够感染整个系统的文件数据，这类病毒主要有黑色星期五病毒、维也纳病毒和扬基都德病毒等。

三是复合型病毒：这类病毒同时具有系统引导型和文件引导型病毒的特点，它传染硬盘的主引导扇区和所有在系统中执行的文件。这类病毒的主要代表有2153病毒和DIR-2型病毒等。

计算机技术已经渗透到国家军事系统的方方面面。各国军队特别是发达国家的军队，都在积极地利用信息技术来武装自己。从C4ISR到各个武器分系统都利用信息技术这个力量"倍增器"来武装。这还只是计算机技术在军事领域应用的一部分。早在上世纪90年代，以美国为先锋，各国纷纷开始着手建设数字化部队。在建设数字化部队的过程中，信息技术，也就是计算机网络技术成为其关键。它包括武器系统的信息化，指挥、控制、通信和情报的信息化等。信息技术已成为衡量一个国家军队实力的重要标志。

计算机病毒武器就是根据现代化军事领域的这一特点，而产生的一种专门攻击军事核心部位的新概念武器，这种攻击一旦在战争中取得成功，

对方的整个军事系统包括作战指挥控制系统、情报系统、武器系统都将全面瘫痪。因此，世界各国都很重视计算机病毒武器的研究与应用。

## 第二节　计算机病毒武器的原理和特点

使用计算机病毒武器实施攻击，就是通过一些不确定的手段和途径将计算机病毒投放到要攻击的敌方计算机里，使其无法正常工作或窃取其情报信息。

最容易染上计算机病毒或受病毒武器攻击的目标，一是军队的各种信息系统，如指挥控制中心、计算机网络、雷达系统、各种传感器等；二是由计算机控制的各种武器系统，如现代飞机、舰艇、坦克、导弹等自动驾驶、火控、制导系统等。

计算机病毒同生物病毒有许多相似之处。生物病毒侵入生物体的遗传因子 DNA 或 RNA 中，取代其生成机理，并将病毒无限制地繁殖，蔓延到整个生物机体，导致病毒性疾患，甚至危及生物体的性命。如人体的天花、麻疹、艾滋病等。计算机病毒是由一些具有相当高水准的计算机专业人员，出于各种不同的目的，人为设计编程的，再加上相应的传染破坏程序，使其在计算机系统中能够自我复制、繁衍、扩散，直至传染到整个系统的每一个角落。其主要特点如下：

1. 感染性强，传播速度快。感染性是计算机病毒武器区别于其他恶性程序的主要特征，凡是病毒必然要相互感染，不会感染便不能称其为病

毒。病毒一旦感染，就必然使宿主程序发生某种变化。这是人们判断和捕捉病毒的依据。病毒只有依附在某一种具有用户使用功能的可执行程序上，才有可能被计算机执行。当计算机中的程序被依附上病毒时，说明这个程序已被计算机病毒感染了。传染性是计算机病毒最显著的特征，也是判断计算机某一种程序是否为计算机病毒的主要标志。只要有一个程序染上了计算机病毒，当此程序运行时，该病毒便能迅速传染给访问计算机系统的其他程序和文件。

2. 破坏性大，甚至完全控制敌方整个计算机系统。计算机病毒对国防建设和军队指挥、控制、通信、情报等系统构成了严重威胁。计算机病毒武器对敌方实施攻击可以分为3个层次：第一层次，只对敌方计算机通信起到一定的破坏作用。第二层次，被敌方操作系统所接受，可在敌方计算机网络和系统之间自由传播、感染和繁衍，在满足一定条件时发生威力，摧毁敌方计算机系统内数据，并使之无法恢复。第三层次，在病毒被接受、传染和繁殖的基础上，能够与敌方的计算机系统进行通信，可以查询、篡改敌方的有用数据和文件资料，使其系统输出面目全非。也可以在己方的控制下触发病毒发作，以便完全控制敌方整个计算机系统。这是计算机病毒武器的最终目的。

3. 潜伏周期长，隐蔽性好。从向敌方计算机系统注入病毒，到该病毒发现并被清除这段时间，称为潜伏期。从向敌方计算机系统注入病毒成功到该病毒发作的这一段时间，称为隐蔽期。一般来说，病毒的潜伏期应长于隐蔽期才能够使计算机病毒武器发挥效能。隐蔽期通常是由病毒设计者设定的，而潜伏期则是与敌方计算机系统的安全程度和使用情况有关。如果病毒发作之后很快就被发现并被清除，则其潜伏期与隐蔽期相同。如果潜伏期长于隐蔽期，也就是说在病毒发作之后的很长一段时间内没有发现，这对施毒者而言是非常有益的，其破坏作用也相对较大。

4. 具有欺骗性和持久性。为了使病毒不被发现，有些病毒设计者采取了特殊的感染手法，每当用户可能观察到病毒踪迹时便实施骗术，从中达到蒙蔽用户的目的。1990年1月在以色列就发现了这类病毒，它是世界上首例隐蔽型病毒，被人们命名为4096型病毒。这种病毒的隐蔽手段相当高明，如果没有专门识别该病毒的检测工具，这种病毒是难以被人们发现的。如果采用DOS系统的命令去观察染毒文件，该病毒则实施骗术，在观察者有可能发现该病毒之处，制造虚假的常态来加以掩饰。其破坏行为也极隐蔽，对数据文件和可执行文件都有破坏作用。

有些隐蔽型病毒具有抗剖析能力，从而为剖析、识别病毒设置了许多障碍。如1990年8月发现的原产于德国汉堡的"鲸鱼"（Whale）病毒，就含有多个陷阱，以防止病毒被剖析。其中的陷阱之一是，一旦发现debug之类的调试工具，便封锁键盘或停止感染。

采用无毒加载技术的隐蔽型病毒，当染毒文件将要从磁盘读入内存时，病毒便干预DOS的加载操作，无条件地将每个染毒文件先行消毒，然后再加裁到内存。还有些病毒不干预DOS的加载操作，当病毒有可能被操作者发现时，便有条件地"自杀"，从而使反病毒专家无计可施。

持久性是计算机病毒存在和潜伏的基础，即使在计算机病毒被发现之后，数据和程序以及操作系统的恢复依然十分困难。在多数情况下，由于病毒程序通过网络系统不断地传播，使得病毒程序的清除极为复杂。有的病毒程序相当顽固，能对付常用的检毒、防毒和杀毒程序，使之无法清除。由于反病毒技术滞后于病毒技术的发展，检测工具所能识别的病毒总

是少于实际存在的病毒。当计算机出现异常情况，而利用检测工具未发现病毒时，只能说明该检测工具未能发现它所认识的病毒，并不等于该计算机没有染毒。有一种可能——那就是该计算机可能染上隐蔽型病毒。

计算机病毒武器是专门用于攻击对方计算机系统的一种信息武器，其构成、种类及袭击方式完全不同于常规武器。

计算机病毒武器实质上是一种计算机程序。它具有计算机软件的相关特征：它也是由软件编程人员设计和编写的；它按照软件规范的基本要求，以计算机可以运行的代码方式出现；它可以存贮在计算机软盘、硬盘或其他外部设备之中，能够通过计算机系统或网络进行传输。其构成一般有以下3个部分：（1）主控程序部分，负责病毒程序的组装和初始化工作。（2）传染程序部分，其功能是将该病毒程序传播到其他的可执行程序之中。（3）破坏程序部分，其功能是执行病毒程序设计者对计算机的破坏意图。当计算机执行病毒所依附的程序时，病毒程序便取得了对计算机的控制权。开始执行主控程序，然后根据条件是否满足调用传染程序和破坏程序。一般来说，传染条件很容易得到满足，病毒的传染比破坏来得容易。当病毒破坏条件尚未满足时，病毒则处于潜伏状态。

## 第三节　计算机病毒武器的种类及作战功效

我们先来看看计算机病毒的种类。自从第一例计算机病毒诞生以来，世界上的计算机病毒总数已超过几万种。按目标的破坏程度来看，大体可

分为两类：

一是良性病毒。良性病毒能传染计算机的其他程序，但一般来说不破坏计算机中的数据。如果使用病毒检测程序软件，可以查出计算机内的病毒及其种类，甚至可以查出被病毒破坏的磁盘空间，而不影响正常操作和使用。

二是恶性病毒。这一类病毒不仅能传染计算机的其他程序，而且破坏系统功能，造成计算机无法运行，如果计算机联网，将导致整个网络瘫痪。其破坏方式又可以分为以下几种：

源码型病毒：它是在用计算机高级语言编写程序之前潜入程序之中，这种病毒很容易传染。

入侵型病毒：它侵入计算机现有程序，使程序编写、删除及系统开发等产生困难。

操作系统型病毒：当计算机运行时，病毒用自带逻辑取代操作系统的部分合法的程序模块，具有很强的破坏力，可导致计算机系统紊乱或瘫痪。如大麻病毒、小球病毒和巴基斯坦病毒等。

外壳型病毒：它包围在计算机程序之外，尽管对原来的程序不做修改，也不影响编写新程序，但能造成计算机无法运行，这种病毒较为常见。

当今世界，以计算机病毒为武器的战场正在悄然兴起并呈逐渐蔓延之势：

计算机病毒武器网络战初见端倪。计算机病毒武器网络战是直接攻击敌方的C4ISR系统，保护己方的信息系统与敌方进行争夺信息控制权的斗争。从世界各国军队的发展现状和军队演习情况来看，计算机网络战已初

见端倪。美国国防部在构建国防军用计算机信息网络时，要求其构建的计算机网络能经受核武器的打击。不幸的是，美国的国防计算机网络在给美军带来指挥便利的时候，也成为威胁国家安全的严重因素。1996年，3名克罗地亚中学生就通过因特网进入了美国军方的计算机系统，破译了五角大楼的密码，从一个核数据库中复制了美国军方的机密文件。这一事件充分说明任何一个计算机系统都无法做到绝对保密。美军的一位高级情报官员说，国防计算机网络已成为最易受恐怖分子袭击的目标。

袭击方式是计算机病毒战研究的重点。就在人们探讨如何对付计算机病毒的时候，一些技术力量雄厚的国家和军队正在大力研究和开发计算机病毒作战潜力，他们投入了大量的人力、物力和财力，积极进行计算机病毒武器的研制。诸如：采集计算机病毒样本，分析病毒运行和破坏机理，研究开发潜伏性好、感染性强的新型计算机病毒。美军开发了5种新型的病毒武器，用于攻击敌方的计算机系统和网络："特洛伊木马"式病毒武器，这种病毒武器攻击目标得手后，不是立即对目标进行破坏，而是潜伏下来。一旦需要，就能通过指令使其发作，从而对目标进行破坏，如固化在电脑芯片上的病毒，就属于这种病毒；"强制隔离"式病毒武器，这种病毒武器攻击目标后，立即对目标进行破坏，强迫敌方计算机网络主系统与各分系统分离，造成整个系统的混乱；"负荷过载"式病毒武器，这种病毒武器攻击目标后，自身进行大量自我繁衍，迫使敌方计算机系统处于超负荷运行状态，大大降低其运行速度，并不断出现闭锁现象。这种降低运行速度的方式能使实时传感器的能力大大衰退，如火控雷达系统；"刺杀"式病毒武器，这种病毒武器攻击目标后，专门篡改或销毁敌方一些特定的文件、数据和指令。一旦找到具体目标，便立即进行破坏，完成"刺

杀"任务后，进行不留痕迹的"自杀"，不给对方留一点蛛丝马迹；"试探"式病毒武器，这种病毒武器先寻找指定的目标数据块，然后再将自身发送到存贮单元，为进一步破坏更高级的目标做好准备。

未来战场的"杀手锏"。美军从1987年就开始研制计算机病毒武器。海湾战争后，美国中央情报局和国家安全局即招标研制军用计算机病毒武器，并签订了55亿美元的合同。其中包括密码病毒的研究（即将病毒固化在出口的集成电路中）和新一代计算机病毒——激光制导软件的研究。美国国防部集中部分计算机专家建立了一个代号为"老虎队"的组织，主要任务是检查空军计算机网络的安全程度，并负责专门投放病毒，实际上就是进行计算机病毒战。美国国防部正在把研究的重点放在怎样通过无线电信号或其他先进技术手段，将计算机病毒发送到敌方军事指挥控制系统的计算机中去这一技术难题上。由于目前计算机所安装和使用的软件、机芯、集成电路板、显示器、硬盘，以及打印机、UPS电源、软盘、光盘及通用软件程序等产品，大都是由几个发达国家生产的，所以它们完全有可能把计算机病毒预先就"埋伏"在这些产品之中卖给其他国家。平时病毒处于"休眠"状态不发作，但可以繁殖蔓延，使其他信息设备也感染病毒。一旦战争爆发，便可以向敌方的信息系统发射具有特定信号的无线电波，激活病毒，从而使早已潜伏在该系统中的病毒"复活"，进而可以使敌方的信息系统和信息武器发生意想不到的故障，并陷入瘫痪。而在此区域以外的其他国家所购入的计算机系统则可以避免这一后果严重的灾难。美国军方已耗资1.5亿美元，成功地研制出了一种"微机芯片固化病毒"，它可以嵌入出口的信息武器装备的微机中，平时难以发现，一旦需要即可遥感激活病毒发作，使敌方的信息武器系统失控，指挥通信系统瘫

痪。美国应用计算机公司正在研究破坏高技术武器系统的某些计算机病毒，它可以使计算机系统的显示器出现常人难以察觉的闪动，从而使操作者产生意外的头晕，进而失去分析判断和跟踪目标的能力。该公司研制的另一种病毒，能使计算机系统中的关键芯片的时钟速率加快，致使芯片的温度升高，造成自行烧毁。我们认为一些主要军事强国已具备了进行计算机病毒战的技术和能力。在不久的将来，计算机病毒战将成为一种新的作战方式。

未来的电子对抗将变成计算机病毒武器的较量。我们所说的电子对抗技术是敌对双方利用电子设备或武器进行电磁斗争，是在电磁频谱上进行的直接较量，它主要包括电磁侦察与反侦察、干扰与反干扰。但随着计算机病毒武器的出现，传统的电磁对抗将让位于计算机病毒战。计算机病毒战是随着计算机的广泛使用而产生的。它的攻击目标是计算机系统。由于目前的军事系统都装备了计算机设备，因此，计算机病毒战的破坏功效比传统的电子对抗要大得多。现代战争对计算机网络的依赖性增大，为计算机病毒战提供了条件。由于计算机的高速、高效和智能作用，使其在军事上的应用范围日益扩大。如国防决策、作战指挥、武器控制、情报处理和储存、装备研制、部队管理、物资分配等，都大量采用计算机系统。在高技术战争中，计算机已成为敌对双方力量的"倍增器"，计算机对武器装备作战效能的发挥有着决定性的作用。如果对这一"倍增器"施以病毒攻击，就可以使其失控、自伤或误伤，后果不堪设想。用计算机病毒武器破坏敌方的 $C^4$ISR 系统，就可能使其作战效能完全丧失，这种方法比采用火力实施硬杀伤更有效。计算机技术的飞速发展，为实施计算机病毒对抗提供了技术条件。与传统的电子对抗相比，计算机病毒对抗更为优越：其

一，病毒具有微小性，易潜伏下来，一旦激活，可以给对方一个措手不及；其二，病毒具有持久性，即使病毒程序已被删除，计算机的数据和程序乃至系统功能的恢复也是相当困难和费时的；其三，病毒具有传染性和多功能性，一旦传染给一个程序，而当该程序运行时，病毒就能通过计算机传染给它所联结的整个系统，并能保留继续扩散的能力。由此可见，利用计算机病毒武器来攻击敌方的信息系统和武器，就能减弱敌方的作战能力，在一定条件下比传统的电子干扰效果大得多。

进行计算机病毒战，具有其他电子战无法比拟的优势。常规电子战只能破坏敌方的通信、雷达等电子系统，并只能对其实施短期的破坏作用，而且范围有限。计算机病毒武器能够对敌方的信息武器系统构成大范围长期的毁坏作用。计算机病毒武器的研制和生产，构成简单，费用较低，并且可以通过无线、有线和其他方式进行投放。

计算机应用的历史，在我国并不很长，更不用说在军事领域了。但就我国的计算机发展速度而言，特别是在军事领域的应用来说，已呈现出蓬勃发展之势。目前我军装备有大量的计算机及其相关设备。计算机在我军的作战指挥、控制、情报通信等方面发挥着极其重大的作用。可以说，今后我军所面临或要从事的作战活动，是离不开计算机的。为了防止意外和保护计算机系统的信息资源，我们必须提高警惕，研究和采取积极的防护措施，对计算机及其系统实施有效的保护：

加强管理，防止电磁泄射。计算机的操作系统和计算机的硬件都位于安全防线内，而用户程序、数据终端及打印机等则处于安全防线之外。对这些软件及设备要加强管理，严格控制，防止病毒从外部入侵。计算机靠高频电脉冲工作，利用计算机向外泄露的电磁波进行窃听，既隐蔽又可

靠，很难被对方发觉。有人做过试验.在距离1000米以外仍然可以直接接收到普通计算机显示终端的辐射信号，使用普通电视机就可以看到计算机终端显示的信息。计算机及其附属电子设备在工作时能通过地线、电源线、信号线、寄生电磁信号或谐波等辐射出去，产生电磁泄射。这些电磁信号如果被接收下来，经提取处理，能恢复出原信息，造成信息泄露。利用计算机系统的电磁泄射得到的信息比通过其他方法获得的信息更为及时、准确、可靠。因此，防止计算机系统的电磁泄射已引起各国的高度重视，由此派生出了电磁泄射的防护和抑制的专门技术。

开发实用软件，实施加密保护。要将病毒打入对方的网络系统，首先要不断地侦察、分析敌方信道、信源与加密有关的各种信息，然后进行潜心的研究，破析各级密码。其技术难度是相当大的，有时需要几年甚至十几年的时间。为确保战时作战指挥的安全与通畅，应研制质量高、抗干扰性强的战时应用软件系统，并采用加密技术处理。一旦战争爆发，迅速投入使用，使敌方的病毒武器无法发挥效能。加密可以提供数据和信息的保密，也可以作为其他安全机制的补充。加密算法有2种通用的分类，即对称加密与非对称加密。加密机制的存在就意味着必须采取密钥管理机制。我们在系统软件的研制和开发方向，既要考虑到使用的方便，更要考虑到安全与保密。应对重要的程序、信息及数据原文件，实行加密保护，要进一步完善访问控制机制。当非法用户利用计算机查询、访问时，访问控制功能将阻止这一企图，并发出警告信号，防止对软件的非法篡改和复制。

完善管理法规，防止"人为中毒"。建立健全计算机使用管理法规，是防止计算机病毒入侵的有效措施。近年来，我军机关、院校、部队都装备了大量的计算机及其相关设备。因使用不当和管理不严，使系统失灵、

管理失控、信息泄密、数据丢失等事件屡有发生,有的已造成了不可挽回的损失。为了防微杜渐,在加强计算机技术保护的同时,必须完善非技术的保护措施。一是对操作人员和技术人员加强思想教育,强化战备意识和敌情观念,克服和平麻痹思想;二是对作战指挥机关、战略战役后方仓库的机房要重点警戒,对终端要上锁,对进入机房的人员要严格控制与审查,坚决制止无关人员进入中心机房;三是各级领导和主管部门要经常检查计算机使用情况,发现漏洞及时采取补救措施,要对计算机进行定期检测,发现病毒及时请专业人员处理,不让病毒扩散。真正从使用、管理、维护、检测及科研等方面,堵塞计算机病毒武器袭击的渠道。

加强计算机病毒对抗技术的研究。加强计算机病毒运行机理和破坏机理的研究,采集计算机病毒样本,分析病毒运行和破坏机理,研究其潜伏、感染特性;研究计算机病毒植入方法,分析计算机操作系统、网络系统及各种联结标准,寻找其薄弱环节,研究病毒植入和反植入方法;在攻的方面,重点研究打入技术,例如将含有病毒的程序的电磁波向敌方天线、接收机等设备进行辐射,直接把程序送入系统。对一个 $C^4ISR$ 系统来说,如果将病毒通过数据链路直接植入目标接收机,然后蔓延开来,其破坏作用将是巨大的;在防的方面,要采取以毒攻毒的战术。综合研究拒毒、检测、抑制、消除、恢复、交替操作等技术,同时,要研究计算机病毒"疫苗",增强计算机自身的"免疫力"。

总之,计算机病毒武器是近年来出现的新式武器,是电子对抗在新时期的发展,使得未来的斗争更加复杂。而这些武器装备的研制、掌握和使用,将比以往难得多。我们要加紧进行研究、学习,以便在未来高技术战争中立于不败之地。

# 第十章 "看不见"的武器——隐形武器

在中国古典神话小说《西游记》中有这样一段描述：美猴王孙悟空大闹天宫后，虽被玉帝封为齐天大圣，却不能参加王母娘娘的蟠桃大会，他怒不可遏，偷吃了瑶池的玉液琼浆和太上老君的金丹。美猴王酒醒后，唯恐惊动玉帝性命难保，就使了个隐身法，在天兵天将的眼皮底下逃回了花果山……

随着隐身技术的发展，21世纪这一神话中的隐身法即将变成现实。

## 第一节　隐形武器的概念

隐形武器，又称隐身武器，是指采用隐形技术（隐身技术），敌方探测系统不易发现、识别、跟踪和攻击的武器装备。

隐身技术又称低可探测技术或目标特征控制技术，它是改变武器装备等目标的可探测信息特征，从而使敌方探测系统不易发现、识别、跟踪和攻击的技术。隐身并非人的肉眼看不见，而是说现代军事探测装备，如雷达、声呐等难以发现或无法发现。简单地说，隐身技术就是尽量使目标与周围环境相一致，从而不易被发现的技术。在自然界中尺蠖很像一段树枝，枯叶蝶简直就是一片"枯叶"，这些小生物就是运用了隐身技术保护自己的。在21世纪的战场上，将出现大量的多性能的各种隐身武器装备，它们一方面极大地提高军事目标的隐蔽性能，增强武器的突防和攻击能力，制造21世纪的无形战场；另一方面将使无形的战场惊雷不断，战火纷飞。

现代的隐形技术是从古老的伪装方法发展而来的。伪装是为了保存自己、消灭敌人而采取的隐蔽自己、欺骗和迷惑敌人的各种隐真示假的措施。自古以来，许多优秀的军事家，总是巧妙地运用伪装来造成敌人的错觉，以取得战斗的胜利。

伪装的基本任务就是有计划地实施"隐真"和"示假"。"隐真"，主要是隐蔽目标，降低目标的显著性和改变目标的外形，使目标在一定的距离内不被敌人发现或难以分辨，借以把敌人的眼睛蒙住，把敌人的耳朵堵

住，使敌人产生错觉。"示假"，是显示假目标和实施佯动，迷惑敌人认假为真，引诱敌人的注意力和火力，使其丧失战机，陷入被动，从而赢得战役、战斗的胜利。

F-117A"夜鹰"隐形战斗机

　　大家看到的军用车辆、坦克、火炮等，通常都是绿色的（涂了绿色涂料），色彩和亮度与绿色植物非常接近，所以在绿色植物背景中机动荫蔽时，不易被发现。军事上把这种与背景颜色近似的单色迷彩称为"保护色迷彩"。人类为学会利用保护色，曾付出过很大的代价。在1890～1902年的英布战争（也叫"布尔战争"或"南非战争"，即英国对荷兰在南非移民的后裔——布尔人的战争）期间，英军投入5倍于布尔军的兵力。在力量悬殊、形势危急的情况下，布尔军急中生智，把各种兵器、火炮以及军装都涂成了黄绿色，使英军很难发现，而布尔人却在很远的地方就能发现身穿红色军装的英军士兵，结果英军屡战屡败，伤亡惨重。直到英军将红色军装改为暗绿色后，战局才发生转折。从此以后，各国军队也相继把兵器和装备涂上绿色涂料，把军装改为黄绿色或暗绿色。

隐形电子战飞机EA-22

现代伪装所使用的绿色涂料，已经不是普通的绿色油漆了。它和普通绿色油漆有两个显著的差别：一是无光泽，这种涂料涂在目标表面后，能将入射的光线向四面八方漫反射出去，不致像光滑表面那样产生引人注目的闪光；二是具有良好的近红外反射特性。

涂上绿色伪装涂料的坦克活动于林海，涂上白色伪装涂料的坦克行驶于雪原，涂上沙土色伪装涂料的坦克驰骋于千里戈壁……这些保护色迷彩，使坦克在不同的活动区域内得到了良好的荫蔽。以后人们又开始变色涂料的研究。在研究过程中，自然界的"变色龙"给了人们很大的启示。"变色龙"周身是颗粒状的鳞片，里面含有各种色素细胞，当受到环境的影响，其神经中枢便能调节这些色素细胞，使它们随着环境的变化而改变自己的色调，时而呈绿色，时而呈黄白色，还能变成浅褐色、浅灰色、黑色……

人们在揭示变色龙色素细胞秘密的同时，也研制出了光变色涂料。如某种军服上的防原子变色涂料，在普通光照射下呈军绿色；在核爆炸光辐射的照射下，能在0.1秒后变成白色，以减少辐射对人体的伤害。还有一种用于伪装海上舰船的双层涂料，在光源的光谱成分改变时，能呈现不同的颜色。晴天呈浅灰色，阴天呈绿色，夜间或在红外线照射下呈黑色。这样，使舰船的颜色在各种情况下都与水面背景相融合。美军正在试验一种

伪装器材，其色彩和图案，能根据需要连续和可逆地进行改变。它用电热的方法提高液晶的温度来改变颜色，但目前所获得的结果还不十分理想。可以预料，随着光变色涂料的不断研制，今后的光变色涂料一定会具有更多的变色本领。

AMX-30DFC隐身坦克

魔术师常常用一块布掩盖道具，借以挡住观众的视线，表演出各种令人惊叹不已的魔术。伪装遮障就像魔术师的遮布一样，可以用来荫蔽目标、挡住侦察者的眼睛。在第二次世界大战期间，德国为了对付空袭，在汉堡火车站大楼上部架起了两个很长的掩盖遮障，模拟通往车站街道的延长部分。这样就把车站大楼分割成了几个小建筑物，同时还消除了车站大楼所特有的阴影。由于伪装遮障的作用，汉堡火车站长期未遭到英军航空兵的袭击。

烟幕伪装是用烟雾遮蔽目标和迷惑敌人的一种伪装方法。在古代战争中，人们常常利用自然雾来荫蔽军队的行动。但是自然雾受时间、地点和气象条件的限制，局限性很大，因此人们就研究用人工的方法制造烟雾。到了18世纪中叶，人工烟雾出现了，而且被立即运用于战争。在第二次世界大战的许多战役中，苏、美、英、德都广泛地使用了烟幕。如每当德军航空兵对普利茅斯船坞实施轰炸前，英军就大规模地施放烟幕，并在附近模拟火灾，使德军飞行员受到迷惑，不能精确瞄准目标和判定袭击的效

果，从而保护了普利茅斯船坞。

第二次世界大战结束后，军事科学技术有很大的发展，有人认为烟幕已经过时了。但历时18天的第四次中东战争，又一次证明了烟幕在现代战争中仍然有着不可忽视的作用。埃及军队为了保障坦克部队迅速渡过苏伊士运河，运河中的小艇也开始施放烟幕，在蓝白色烟雾的掩护下，埃军迅速架通了横跨运河的浮桥。桥板在坦克履带下嘎嘎作响，长蛇似的车队秩序井然地向运河东岸开进。为了防止空袭，隐蔽和保护浮桥的烟幕整整放了一夜，直到第二天清晨，渡河区域仍是烟雾弥漫。跨过苏伊士运河的埃军，仅仅经过3小时的激战，就击毁了以色列190装甲旅坦克130辆，该旅司令官带着剩下的25辆坦克投降了。

第四次中东战争的经验教训使各国军界认识到：现代化战争不能没有遮蔽，而伪装烟幕则是提供遮蔽的有效手段。它能快速隐蔽自己，迷惑敌人，降低敌武器的命中率。

伪装主要是为迷惑敌人的眼睛或光学仪器，千方百计不让敌方发现，因此，伪装技术也可称为"视觉隐形"。它只是在近距离内对可见光发生作用，一旦距离变远了，也就发挥不出有效的作用了。何况那种靠肉眼发现目标的局限性早已被望远镜、雷达等所打破。因此，人们开始探索新的更为先进的伪装技术——隐身技术。当代迅速发展的隐形技术主要是针对敌方的雷达及红外探测器。

在现代条件下作战，飞机、军舰、导弹等的突防能力与生存能力很大程度上取决于被对方发现的程度，隐形就是为了减少被对方雷达和其他探测器材所发现的可能性而采取的一系列技术。

1992年11月，美国新型隐形飞机——B-2战略轰炸机公开亮相，引

起世界震动，它证实了多年来人们对美国研制隐形飞机的各种猜测。人们不禁又想到了两年前失事的F—19战斗机。1982年，美国诺斯罗普公司将新研制的F—5G战斗机命名为F—20。按照惯例，美制战斗机已从F—t4按序列排到F—18，为什么中间要隔一个F—19呢？人们纷纷推测，但始终没有结论。事过5年，1986年7月11日的凌晨，在加利福尼亚州的贝克斯菲尔德一架飞机突然坠毁，烈火烧毁了几十公顷的森林。美军方即刻封锁这一地区，对蜂拥而至的新闻记者实施封锁线外的新闻"自由"。但是新闻界根据现场种种迹象推测出这就是F—19战斗机。一些记者根据目睹的现场还设想了飞机的外形。这下引起了玩具制造商的兴趣，市面上很快有了F—19隐形战斗机塑料模型玩具出售。在竞相购买的人群中，前苏联外交官一下就买了数百架。为此，激怒了五角大楼。美国国防部指控玩具商泄露了国家机密，犯了卖国罪，要求法庭给予制裁。

由于隐形飞机不易被发现，有出其不意的克敌效果，而且也大大提高了自身的生存能力，因而引起了世界各国的关注。但是，隐形飞机是一个庞然大物，它是如何进行隐形的呢？

## 第二节　隐形武器的原理和特点

1. 隐形武器的原理

每一种隐形武器都采用了一种或几种隐身技术，概括起来可以分为以下几个方面：

(1) 殚精竭虑地减小雷达散射截面积

任何一种现代武器装备，上至太空里的卫星，空中的飞机、导弹，下到水中的潜艇、鱼雷……它们都存在一个如何减小雷达散射截面积的问题。

众所周知，一个目标的雷达散射截面积（RCS）的物理含义是：目标的单位立体角内散射回雷达接收机的功率与雷达入射到目标上的功率之比。这个比值与目标本身的几何尺寸、形状、材料、目标视角，以及雷达频率等因素有关。一般来说，目标的几何尺寸越大，它的雷达散射截面积就越大。通常，目标的几何形状对散射面积大小的影响十分明显，如投影面积完全相同的平板和球体，前者的散射截面积竟比后者大四个数量级。美军B-52"同温层堡垒"远程战略轰炸机由于尺寸大、重量重，因而雷达散射截面积为100平方米；而美军最新的B-2隐身轰炸机虽然翼展为52.43米，最大起飞重量181吨多，但是经过全新构思和精心设计，它的雷达散射截面积骤然减小，只有0.1平方米。两者相差极为悬殊（近1000倍）。由此不难看出：几何形状优劣对降低雷达散射截面积起到至关重要的作用。换句话说，精心设计或明显改进过的外形设计是实现雷达隐身最关键的步骤；只要把这个关键抓住，再辅以其他措施，隐身于雷达就可以收到奇效。

(2) 最大限度地隐匿红外辐射

科学研究早已证明：世界上的任何物体，只要它的温度高于绝对零度（即-273℃）便无时无刻不在向外发出红外辐射；而且随着温度的增加，其红外辐射也就越强。推算给出，物体的热辐射的能量与温度成4次方关系。显而易见，解决红外辐射的最根本的原则：第一毫无疑问是降低温

度；第二是改变其几何形状和结构布局，使红外辐射方向得以改变；第三是在目标上涂敷红外吸波涂料。

目前，现役的舰艇、飞机、导弹等武备都是能发出强红外辐射的目标，所以各国都对之采取了许多具体的对策与"遮拦"于段。以水面舰艇为例，现今其上的主要红外辐射源有：排气烟流、烟囱壁、辅助的排气道、排气烟道附近表面的暖流区域，主推进系统的热冷端部件和机舱区。基于排气烟流和可见烟道表面的辐射能在中红外区域占全舰辐射信号的99%，在远红外区域占全舰辐射信号的48%。而烟道表面和排气烟流的投影面积还不到上层建筑和主船体的2%。因此，红外抑制的主要任务在于冷却上升烟道的可见部分，可通过注入红外接收剂来改进排气温度；其次是冷排烟，使它们尽可能接近于环境温度。加拿大的新型护卫舰"哈利法克斯"级在其推进主机的排气管中装设了DRES球形红外抑制系统，当冷却空气与排出气体在末端部件混合后烟流被大量冷却，其光屏蔽中央体可屏蔽从咽喉道往下的视线，消除了高温金属表面暴露于视线的机会。经3微米~5微米和8微米~14微米的红外线测试，其抑制红外辐射达90%~95%。"无畏"驱逐舰和英国"公爵"级护卫舰的烟囱内也都装有较为独特的红外抑制系统。也可适当选择材料，用它来吸收3微米~5微米波段的辐射。美海军实验室正在开发一种太阳能吸收率低的干舷部搪瓷船漆。这种漆能充分反射太阳辐射，从而减弱舰艇的红外信号特征。漆的功能是通过混合红、黄、蓝色颜料，产生一种对红外光谱区是透明的灰色，取代可吸收太阳能的炭黑色而获得的。这种漆保留了一种可视度低的雾灰色，在红外光谱区它反射的能量比炭黑色的多好几倍。还可采用绝缘材料限制机舱、排气管道及舱内外结构的发热部位。当今的最新方法是采用一种隔

热垫，降低导热率，将热量控制在结构内部，从而减小热反差；而且利用这种隔热垫也能减少雷达波信号。利用特殊的涂料可以改进水面舰艇表面的辐射和反辐射特性；特别是上层建筑，若采用特殊的涂料处理。可使反射光减少到70%。美国报道了两种改进水面舰艇表面辐射和反射特性的特殊涂料。一种是利用自然界中叶绿素对红外线反射率影响突出的特别研制的仿生涂料. 另一种舰艇使用的镀铬涂层，通过镀铬方法制备一种有稳定散射的灰色表面，对红外线具有散射作用，所以具有良好的防红外辐射特性。镀铬涂层具有目视伪装性能，在红外光范围还是一种低的辐射体，只辐射约10%的红外线。有关的设计专家还在烟囱四周采用加大外罩的方法来降低3微米~5微米波段的红外辐射，这样烟囱口上盖板和烟囱口高温废气就不会露在敌导弹红外探测范围内。除此之外，各国还采取了其他降低红外辐射的方法，如使用红外诱饵和红外烟幕等实施欺骗；采用舷侧排气的方式，在排气管道口处设置喷水系统，采用双层烟囱等等。实际上，舰艇一般都是综合应用几种红外抑制措施来减少红外辐射特征的。

(3) 千方百计地降低辐射噪声

铁甲轰鸣的坦克在运动中发出的噪声不仅强，而且波幅大、频率低、传播较远，并可绕过山丘或障碍物传播，往往在很远的距离就可以听到，因而被称为"自杀的死声"。其实，又岂止是坦克，舰艇、飞机、尤其是水面舰艇和潜艇所发出的噪声比之前者有过之而无不及，而且噪声传播的方式也要奇特得多。所以，消除它们的噪声更需要特殊的措施和独到的方法。

水面舰艇在航行过程中产生的噪声既向空中传播也向水下传播。其主要噪声源一是各种机械装置运转产生的机械噪声，二是螺旋桨噪声，三是

水动力噪声。潜艇噪声主要来自于机械噪声、螺旋桨噪声和水动力噪声；这些噪声在不同的潜艇航速下，对潜艇的辐射噪声有不同的影响。潜艇在电力推进条件下，低速行驶时噪声主要来自机械噪声，而中高速行驶时螺旋桨噪声是主要噪声源。

目前，舰艇采用的降噪措施主要有：采用超低噪声的主机、辅机和转动机械；采用降低振动噪声技术；采用气幕降噪系统；舰体表面采用消声瓦或涂敷吸音涂层；减小螺旋桨的空泡噪声；降低水动力噪声；改进和发展电子技术；采用AIP动力装置。这些措施取得了良好的效果。其实，不光是水面舰艇在降噪方面取得了令人可喜的进展，飞机的降噪设计也有极佳的降噪效果。例如，改进飞机发动机结构采用超低噪声发动机，以使飞机噪声降至最低；利用仿声学原理，采用锯齿形后缘，以降低飞行中的噪声等。

(4) 渐受青睐的可见光隐身

所谓"可见光隐身"，就是降低武器本身的目标特征，使对方的可见光像机、电视摄像机等光学探测、跟踪、瞄准系统不易发现目标的可见光信号。

众所周知，可见光探测系统的探测效果主要取决于目标与背景之间的亮度、色度、运动等视觉信号参数的对比特征。其中，目标与背景之间的亮度比是最重要的因素。目标结构体表面的光反射，特别是喷焰、尾迹、尾烟等均为目标的主要亮度源。如果目标亮度和背景亮度反差非常大，两者的颜色相差极为悬殊，就容易被可见光探测系统发现；如果目标与背景的亮度相当，那么它们之间的色度对比就成为目标的重要可视特征。以飞机为例，效果最差的涂色是亮银色和红色，此类色彩过于显眼；在白昼、

天气晴好的条件下，飞行员用肉眼就能发现几十千米外银白色的飞机。即使飞机涂了土黄色、草绿色等迷彩，在空战中的效果也不太理想，因为它们与天空的背景色调不协调。以往飞机上部和下部涂敷颜色是浅蓝，这是因为从地面上观察空中的飞机，多数情况下只能看到飞机的腹部。因此，在飞机的下表面涂上浅蓝色较易与天空这个大背景匹配。

（5）不应忽略的电子隐身

战争史上，电磁信号泄漏，或被对方干扰和掌握信号而导致战争失败的例子不胜枚举。为了防止舰艇、飞机、坦克等各种武器的作战平台所发射的电磁信号及辐射源被对方检测和定位出来，一些国家开始注重在抑制和减弱电磁信号上下工夫。

那么，一艘舰艇究竟是如何进行电子隐身的呢？关键就是隐蔽通信。首先，舰艇应将自己的信号和信号源特征尽可能地隐藏在背景噪声中，以大大降低其可识别性和可检测性；其次，在时间、空间和频谱方面控制无线电设备的电磁波发射，并尽可能多地利用不可破译的密码发射；再次，通信系统应广泛地采用分布式和冗余配置方式，减少关键节点，增加备用链路。

隐身飞机上的电磁辐射主要是其所载的各种电子设备，如雷达、雷达高度表、通信系统、控制系统、电子对抗系统、无线电信标等。通常，它们采用减少无线电设备（用红外设备代替多普勒雷达，用激光高度表代替雷达高度表，用全球定位系统代替无线电导航系统等）；采用低截获概率技术改进电子设备（在时间、空间和频谱方面控制无线电设备的电磁波发射，采用频率捷变技术来降低信号被识别的概率，采用多基地/双基地雷达等电子探测系统等）；尽量缩短各种电子设备间的距离，用光缆取代电

缆连接各种电子设备等；避免电子设备天线的被动发射；对电子设备进行屏蔽（改进武器装备的结构，采用特殊材料和涂料，以减少向外辐射电磁能等）。此外，隐身飞机在执行作战任务过程中，为了防止电磁信号外漏而暴露其行踪，一般都要停止与控制中心进行的不间断的无线电联络，并只能按预定方案飞行。

2. 隐形武器的特点

这里就不必多加赘述，通过以上对隐形武器的概念、原理的介绍，我们可以这样归纳隐形武器的特点：

（1）隐蔽性。这是隐形武器最突出、最显著的特点，名副其实。

（2）技术含量高。隐形武器为了隐形，采用各种各样的技术，雷达隐身、红外隐身、电子隐身、噪音隐身……为了达到隐身效果可谓是无所不用其极，绞尽脑汁，这就造就了隐身武器技术含量高的特点。

（3）突防能力强。因为隐身，不易被发现，所以可以突破雷达禁区，出其不意，令敌人防不胜防，一切的屏障、防护、预警都将失去效果，所以突防能力很强。

（4）造价昂贵。具备这个特点是理所当然的，隐形武器采用高科技新材料，涂敷特质材料，零件众多制造费时，所以隐形武器比普通武器的造价要高很多。比较有代表性的是众所周知的 B-2 轰炸机，价格是令人咋舌的21亿美元！

## 第三节　隐形武器的种类及作战功效

1. 隐形飞机

在隐形兵器家族中，隐身飞机是一个格外引人注目的角色。早在二次大战结束后，美国空军就提出了隐形飞机的设想。此后，隐形飞机的研究工作一直在极端秘密的状态下进行。1989 年美军入侵巴拿马，隐形飞机 F—117A 小试牛刀，令世人为之一惊。1991 年的海湾战争，隐形飞机出尽了风头，树起了军用飞机发展史上的一个里程碑。

隐形飞机的奥秘在于它采用了三大隐身技术，即隐形外形技术、隐形结构技术和隐形材料技术。目前，隐形飞机主要包括隐形侦察机、隐形战斗机、隐形攻击机、隐形轰炸机、隐形运输机、隐形直升机等。

2. 隐形舰船

就在人们对隐形飞机交口称赞的同时，隐形舰船也悄然面世了。相对飞机来说，舰船体积庞大，机动性能差，一旦遭到敌方武器，尤其是速度快、威力大的反舰导弹的攻击时，其生存将会受到严重威胁。面对这一严重威胁，一些国家相继着手隐形舰船的研究工作，并已初见成效。

对于军舰来说，要做到隐形，则比飞机要困难得多。这是因为，首先军舰的体积与结构比飞机大而复杂，因而，雷达反射面大，易被对方发现；其次，由于水面军舰在海洋中航行时，不仅舰身要做得能减少或消除雷达波的反射，而且，还要有防止音波传播的措施。因此，军舰要隐形，

不仅应具有可以避开雷达跟踪的技术，还应有防止音波探测的措施。

3. 隐形导弹

当代巡航导弹是未来20年内超级大国威慑力量的重要组成部分。它采用地形匹配制导技术，以864公里的时速，几乎贴近地面（飞行高度为60米）迂回曲折地超低空飞向敌方，并携带10倍于广岛原子弹爆炸力的核弹头精确命中目标。它体积小，重量轻，长度和汽车差不多，可在B-52或B-l轰炸机、潜艇、战舰或战车上发射，地面雷达无法跟踪它。但是，它的缺点是容易被装有雷达的空中预警飞机发现和跟踪。而隐形巡航导弹较好地克服了这一缺点，是一种防不胜防的尖端武器。

目前，美国正研制一种新式隐形巡航导弹，如先进的AGM—129A巡航导弹，采用高密度燃料，使射程比目前的巡航导弹远得多，命中精度也有很大提高，并可从地（水）面、水下、空中发射。通过使用隐形技术，它在雷达荧光屏上的图像比针头还小。这类采用了隐形技术的导弹，用复合材料制造，并采用埋入式进气道，进气道后缘为锯齿形，能把雷达波束向各个方向散射。

4. 隐形卫星

据报道，五角大楼正把隐形技术运用于卫星。早在1984年4月，美国宇航局就曾发射过一个4吨重的圆柱体，上面载有为开辟太空时代而进行试验的新材料，其中包括用于制造潜隐卫星的秘密材料。

据1978年叛投西方的前苏联间谍官员维克托·苏沃洛夫说，前苏联军方在搜集有关敌方侦察卫星的资料，预测其轨道并设法躲避或迷惑它们。倘若在一个特定的时刻，头顶上空有一颗敌方卫星，那么任何有关坦克、电台、雷达或是潜艇的试验都应停止进行。

美国最常用的做法就是躲过前苏联卫星的视线。例如，在1980年那次未遂的营救在伊朗的美国人质期间，约有400名陆军士兵及航空兵携带武器和飞机驻扎在埃及，无论何时只要苏联侦察卫星从头顶上空经过，士兵们便隐藏在一个飞机库内。

卫星逃避的途径还是"隐形"——这是军事卫星设计师们正在孜孜以求的绝密目标。美国新一代间谍卫星——KH—12，就使用了类似隐形飞机的材料，它能吸收或躲避雷达波，从而使敌方设备观察不到卫星。

首先，隐身技术导致日趋激烈的突防与反突防。由于隐身武器作战效能极高，突防能力很强，因而拥有隐身武器的一方就不必出动较多舰艇或飞机；只要采用与传统不同的作战样式，就能收到事半功倍的效果。一般来说，隐身技术武器多采取单独或小编队行动，这也是易达成隐蔽性的一个重要因素。让我们再一次重温F-117A在海湾战争中的出色战绩：该战中美军一共派出42架F-117A，只占多国部队参战飞机的2.5%；整个战争期间，上述飞机共出动1300左右架次，约占多国部队作战飞机出动架次的2%，但却轰炸了战略目标中40%的目标。

其次，隐身技术导致日趋激烈的侦察与反侦察。隐身技术可以改变目前的电子对抗局面。隐身舰艇（飞机）可以利用超强的隐身能力和舰（机）载探测设备，在被对方发现之前识别对方雷达并采取必要的措施。例如隐身飞机和导弹与电子干扰飞机相结合，充分利用干扰机施放的电子屏障顺利地进行突防。而面对这种情况，被攻击或防御一方必然会采取相应的措施来对付隐身技术武器，从而将使本来就十分激烈的电子对抗程度出现"新高"。隐身技术武器的应用，使得交战双方无论在侦察还是反侦察方面的斗争都变得越来越尖锐、复杂。隐身侦察舰艇、隐身侦察飞机、

隐身侦察卫星等在各个空间实施侦察时会使侦察行动变得更加隐蔽，更"神不知鬼不觉"。例如美国最先进的"北极光"隐身侦察机可在30千米以上的高空进行侦察，不仅行踪诡秘，而且隐蔽异常。但世界上的事物总是一分为二的。在侦察行动日呈诡秘的同时，也带来侦察对方的难度加大。隐身技术可使电子器材隐去雷达特征等等，发热器材隐去红外特征，振动设备隐去噪声特征，从而使敌方侦察探测系统更难以进行侦察。由此看来，隐身技术的应用势必导致侦察与反侦察斗争日趋复杂激烈。

再次，隐身技术使己方的生存能力增强。现代高技术战争中，目标的生存能力很大程度上取决于被对方发现的程度；也就是说越被对方发现得晚，它的安全系数越高，生存能力也就越强，先发制人的概率也就越大。例如，隐身战斗机与非隐身战斗机空战时占很大的优势，前者先采用隐蔽手段接近目标，然后及时发射导弹，并在尚未被探测到的时候，就脱离战斗。隐身技术的采用，使得无论舰艇、飞机，还是导弹被毁伤的概率大大降低；与此同时，一些重要的战略目标采取隐身技术伪装后，对方将更加难以探测发现，致使遭突袭的危险性大大降低，其生存能力明显提高。隐身武器不仅使生存能力得以明显提高，而且花费不多，效费比较大。我们不妨看一个生动的例子。众所周知，日本海上自卫队的满载排水量9500吨的"金刚"级导弹驱逐舰，是二战后日本建造的吨位最大、火力最强、造价最昂贵的驱逐舰，也是世界上最先进的驱逐舰之一。它装有61枚舰对空导弹、29枚反潜导弹、八座"鱼叉"舰对舰导弹发射装置和六座鱼雷发射管。每艘舰的造价高达10.4亿美元，相当于18艘瑞典皇家海军YS-2000隐身护卫舰的造价。别看"金刚"级驱逐舰造价高、火力强，但若与YS-2000进行海上较量的话，可以说它并没有占多少优势；如果后者战术

运用得当的话,"金刚"级驱逐舰将不是对手,甚至可能变得不堪一击。

第四,对隐身武器的防御难度明显加大。隐身技术的使用,使得预警防御体系功能下降,如隐身飞机有可能轻而易举地突入有雷达警戒的地区而不被发现。要改变这一不利局面,只有通过加大搜索雷达的功率,这样,不仅所花的费用较多,而且危险性较大,因为隐身飞机能在更远的距离发现对方雷达,发射反辐射导弹并随即采取规避动作。

大量的隐身武器投入战场,既可以打击对方的前沿阵地和设施,又可以突击对方纵深目标,从而实现前后夹击,达成非线式作战,对敌部署的重心,予以全纵深和多方位的综合打击。可以说,隐身武器等高技术武器的使用,已使战场不再有严格的前后方之分。基于上述两点,防御一方为了防止隐身武器的突袭,首要一条就是加大雷达的探测范围和探测密度,以及预警飞机的巡逻范围和密度,这就使得战场范围随之扩大。实际上,在未来高技术战场上,打击对方的不只是隐身飞机,同时参战的还将有隐身舰艇、隐身坦克、隐身导弹……要想有效地对付大立体、全方位、多批次、多武器的攻击,的确有点困难,实际上也很难做到。因为,虽然新的探测器材性能大幅度提高了,但毕竟难以招架来自各个方向、威力各异的隐身武器的打击。而且,即使探测系统发现了来袭目标,往往也来不及拦截,因为隐身攻击武器通常一发射完毕就迅速溜之大吉。

# 第十一章 杀而不死——非致命武器

众所周知,有史以来任何战争都以尽可能多地杀伤敌人来达到战争的目的。

1991年的海湾战争及1999年的科索沃战争展示了高技术武器的威力。在这两场高技术战争中,武器的效能得到了最为充分的发挥。然而,仔细检视这两场战争,在战争的手段上,它们与传统意义的战争并没有根本的不同——精确制导武器尽管威力不凡,但它依然表演的是杀伤与摧毁的本能,杀戮依然是这两场战争的主题。

于是,这就为军事家们提出了一个新的命题:能否兵不血刃赢得战争?当代技术手段允许人们现实地考虑这个问题。实际上,这一计划的目的再也不是战争,而是维持和平。

## 第一节　非致命武器的概念

它是这样一种武器：让被攻击的人员手脚如捆、口舌似封，或麻木昏迷、伤体残智，短时间失去战斗力或长远失去战斗力，但却不会丢掉生命；或者，让被攻击的武器装备失灵、失效、失能、丧失使用条件，形不成人机统一的战斗力。它便是不同于杀伤性武器亦即致命性武器的另一类武器，它叫非致命性武器。

大约在2500年前，孙子就说过："百战百胜，非善之善者也。不战而屈人之兵，善之善者也。"战场上不战而胜，听起来似乎神话．但是，近几年悄悄兴起的"非致命武器"可使孙子的训导成为可能。

在现代战争中，集群装甲车辆、制导武器、战斗机在战场上大显身手，特别是坦克的主动装甲、反应式装甲的问世和应用，战斗机的超低空飞行，使空心装药破甲弹和高射榴弹的作战效果大大降低。为此，美国及一些西欧国家都在积极研究对付这种威胁的新原理、新技术，其中之一，就是发展新颖独特的非致命性武器。

根据美陆军制订的原则框架中的定义，所谓非致命是指不引起死亡或不故意使人员致死；更广泛的含义是不有意地使人致死和产生不必要的物质损害和环境危害等而暂时性对目标产生的作用效应。非致命性武器是利用物理、化学机理致使敌方人员在短时间内或永久丧失战斗力而不危及其生命，或者破坏敌方武器使用条件，使其失去战斗效能的一类武器的总

称，是相对于杀伤性武器而言的。

非致命武器的构想可以追溯到越南战争。20世纪60年代，美军在越南战场上屡屡受挫，于是想方设法采用各种非常规武器装备，钢珠弹等一系列非致死性弹药也被应用于战场，结果竟收到了意想不到的效果。钢珠弹又称菠萝弹，这种弹药是靠将弹头内所含众多钢珠分散、发射出去杀伤人员。被命中人员一般只会致伤致残，而很少致死。军事专家认为，致伤、致残的作战效益大大超过普通爆破弹的致死性作战效益。他们说，在使用一个钢珠弹或多个钢珠弹的空袭行动中，只需杀伤2～3人，就几乎使敌全班丧失战斗力；而一个普通炸弹的空袭，即使炸死5～6人，也不可能使全班停止战斗。因为如果全班有5人或6人被炸死，另外几人会埋葬好同伴的尸体，带着仇恨继续投入战斗；而若有2～3人受到钢珠弹袭击受伤，那就不但要有几个人，甚至全班去照料他们，而且钢珠嵌入体内后伤员痛苦的撕心裂肺呼叫会使大家产生严重的忧虑。班长既不能丢下伤员不管继续作战，也不能丢下伤员撤离。这就体现出了钢珠弹的作战效益。人们继而又考虑既不使人致伤致残，又使其失去战斗力的作战途径，这就是现代兴起的打非致死性战争的初衷。

非致命性武器的发展是与当代社会政治、经济的发展密切相关的。随着国际形势的发展和世界战略格局的调整，现代战争呈现多元化的趋势。传统的依靠大量杀伤人员和彻底摧毁各种武器装备而取胜的战争模式已经过时，战争胜利的最佳定位点不是大量杀伤战场人员和摧毁一切物质，而是迫使敌人撤出战斗，接受谈判条件。非致命性武器恰好为实现以上目的提供了最为理想的作战手段。因此，非致命性武器及其技术一经提出，便立即引起了世界各国的普遍关注，并把其作为21世纪重点发展的新概念

武器。

由于非致命性武器一般不直接造成人员的死亡，其攻击后果通常比较"人道"，因此，使用范围较广。不仅可用于战争，也可用于维持和平行动；不仅可用于反劫机、反恐怖、反暴动等防暴行动，也可用于控制敏感地段或作为重要地区、部位的一种安全防范武器。在不需要杀死人员但又必须达到某种目的的情况下，非致命性武器给使用者提供了更多的选择。

## 第二节　非致命武器的原理和特点

### 1. 非致命武器的原理

非致命武器的原理说简单也简单，说复杂也复杂。

说它简单，是因为它无外乎两种原理：化学原理，物理原理。化学原理指的就是一些特定研制的化学武器，能够对人或物产生化学效应，使人产生不良反应，使物无法正常使用。物理原理指的是一些特别的事物，比如说声、光、电，超过平常的范围，超过人或物可以承受的范围，使人或物产生一些不良的生理或物理反应，使人或物不能正常工作。

说它复杂，是因为这化学原理和物理原理只是很大范围的一种归纳，下面包含了很多具体的原理，可以说每一种非致命武器都有其具体的原理。

让我们看看几种典型的非致命武器，对我们了解非致命武器也许有帮助。未来作战不再是一味地追求增大致死率，而是想方设法通过某种途径

## 军事小天才
### Jun Shi Xiao Tian Cai

瓦解对方斗志,削弱乃至瘫痪其指挥和作战能力,破坏通信、侦察及指挥体系,毁坏其作战装备。更准确一点说,就是利用各种高技术,采取不同于传统武器的毁伤原理,去设计、制造那些既可致盲各种电子光学器材敏感元件,瘫痪指挥、通信、控制系统,破坏与作战紧密相关的后勤勤务,又可使人员的某些器官受到不同程度的暂时损伤,直至丧失战斗力。非致命性武器有物理的、化学的、生物的、气象的等等。下面列举几种比较有代表性的非致命性武器,我们可以从中看出非致命性武器原理的一些端倪。

神通广大的化学刺激剂。所谓刺激剂是指以刺激眼睛、鼻、喉和皮肤为特征的一类非致命的暂时失能性药剂。在野外浓度下,人员短时间暴露就出现中毒症状,脱离接触后几分钟至几小时症状会自行消失,不需要特殊治疗,不留后遗症。若长时间、大量吸入可造成肺部损伤,严重者甚至死亡。刺激剂属于人道武器中的一种,它具有反应快速、对人体只产生暂时性失能而不造成永久性伤害,又有相当的威慑作用,而对使用一方则相对来说比较安全等特点。目前,世界上许多国家的警察部队和保安部队都装备了刺激剂及其武器,为此,刺激剂不再列入化学战剂范畴。警察部队称其为"暴动控制剂"(简称控暴剂),用以维持法制和控制暴动。刺激剂不包括在化学武器公约的禁止范围内,但是,明确规定不得用于战场。刺激剂品种繁多。主要有:

(1)臭味弹:人都有趋香避臭的本能,臭味不仅使人避而远之,而且还能使人发生恶心呕吐的症状。为此,军事和警察专家想出了研制臭味弹来向敌阵地或骚乱分子群投放,以使其落荒而逃失去抵抗力。比较常用的臭味弹装料为硫化氢、硫化钠等,外加醋酸等酸类。它们一旦混合便产生

出大量的恶臭气味。其实，世上还有更臭的物质。有关专家测算，如果把500克的正丁硫醇撒在空气中，就可让纽约这样的大都市臭上天。

（2）麻醉剂：除了臭味弹，有关军事专家还研制了各种麻醉剂。麻醉剂是一种可依靠气体喷射，用射箭方式来打击对方，并使其昏昏欲睡的非杀伤性武器。使用时要求发射器十分精确，施射时瞄准暴乱分子中的煽动者，使之失去作用。但在选择麻醉剂时却十分困难，既要求它迅速发挥作用，又要求它不能置敌人于死命。

（3）致痒弹：它是菲律宾的研究人员用从当地一种野生植物的果实中提炼出的原料制成的。人被这种子弹击中后不会受伤，更不会致死，但却能使全身产生一种难以忍受的搔痒，从而失去抵抗能力。

（4）致热弹：致热枪能发射装有药剂的子弹，子弹只要击中皮肤，会使人体温度迅速升高，使其即刻"病倒"。过一段时间药性自行消失，体温又恢复正常，因而不至于毙命。

（5）催吐弹：催吐警棍的顶端装有一个发射器，可射出一个皮下注射针，击中对方后能给他注入一针催吐药物，使其在3～5分钟内开始呕吐不止，无力抵抗，而只有束手就擒。

（6）镇静剂和刺激剂：它是一种用植物的汁液制成的镇静剂和皮肤刺激剂溶液，喷射到恐怖分子、犯罪分子的身上或在敌人的军营中喷洒，能使对方感到极度的不适，从而无法集中精力作战。

正在研究和拟议开发的各种非致命武器的方案中，列出了各种类型的非致命性技术及其潜在应用，所列举的技术只是设想中的可能技术，并不表明都在发展的技术计划。非致命性技术从效应上看大体可分成两类：一类是人体效应，另一类是物质（材料）效应。现简单列举一部分人体效应

如下。

| 人体效应 | 说明 |
| --- | --- |
| 次声/超声 | 发射出使人产生不舒适的声压波的发生器 |
| 噪声 | 产生足够的声波使人迷惑或无力的声波发生器 |
| 使人失去能力的物质 | 使人暂时失去能力的无机和有机物质系列 |
| 恶臭物质 | 使人引起不舒适的带有刺激性臭气的无机物质系列 |
| 刺激剂 | 引起人的眼睛和呼吸道受刺激或不舒适的物质（例如 CS，CR，EA4923） |
| 催吐剂 | 使人引起恶心或呕吐的化学物（例如，DM） |
| 非穿透性射弹 | 把人打晕的非穿透性射弹系列 |
| 频闪发光体 | 使人迷惑和慌乱的大型高强度频闪器 |

正是因为通过对这些效应的研究和掌握，使人们能够研制出根据这些效应开发出来的非致命武器。

2. 非致命武器的特点

非致命武器的有以下诸多特点：

（1）非致命武器不同于以前的热武器或热核武器等致命性武器。致命武器的研制目的是考虑如何最大限度地杀伤和削弱敌方兵力；而非致命武器的研制目的是考虑如何对敌方造成最小限度的伤亡而取得战争的胜利。

（2）非致命武器大部分情况下是对付敌方军事设施和武器装备，以此来实现其军事目的，个别情况下也可能会对人体造成"暂时性"的伤害。

（3）现已研制成功的非致命武器几乎不能单独使用，大多数情况下是附加在传统武器上混合使用。

（4）非致命武器的使用特别有利于战争后的恢复与重建，因其造成的损失大大小于传统武器所造成的损失。

（5）由于受技术上的限制，目前尚未解决如何在使用非致命武器时保护己方免受其害。这也是这类武器的局限性。

（6）虽然非致命武器还不会立即取代现有的传统武器，但随着这类武器的逐渐运用，可能会对传统的作战方式造成冲击性的影响，甚至可能改变未来战争的形态。

## 第三节　非致命武器的种类及作战功效

已经研制成功或在未来有可能研制成功的非致命性武器大体上可以分为以下两大类：一类是针对敌方人员使用的，可称为"人道武器"，另一类就是针对敌方武器装备使用的，可称为"失能武器"。

据美国国防部披露的一份报告称，时下美国最重要的武器研究中心——洛斯·阿拉莫斯军事研究所（世界第一颗原子弹即在此研究成功）的科学家们正在加紧研制一系列的"人道武器"。所谓"人道武器"也称"失能武器"，即非致命性武器。与常规武器不同的是：它能以"不流血"的方式赢得战争的胜利。与此同时，正因为"人道武器"较为"文明"，掌握和使用"人道武器"的一方也往往少受世界公众的批评或责难。一场新的军事革命可能正在来临——"人道武器"的出现催生了一个全新的战争定义："人道战争"。与工业时代的消耗战不同，着重使对手瘫痪而不是加以摧毁的非致死战争彻底背弃了传统的战争理论，展现了信息时代战争的崭新前景。

## 军事小天才
### Jun Shi Xiao Tian Cai

军事专家为"失能武器"一词下的定义是："以使敌方武器装备丧失战斗力为目的而又不造成装备严重损坏的手段。"由美国陆军部下发的一份关于使用"失能措施"的作战原则草案中，对"失能措施"的定义是："旨在使敌方人员或武器系统丧失战斗力的一系列手段。"失能武器在海湾战争中曾多次使用，如对伊拉克军雷达或通信设施进行电磁干扰，有时就不需摧毁这些设备。精确制导弹药可算作另一种类型的失能武器。尽管它能使人员伤亡和财产受损，但其使用的隐含目的是为了减轻对无辜生命和财产的附带损伤。

以上是按目标种类来对非致命武器进行分类，下面让我们按技术来分类，可以分为：

非致命物理武器。使用冲击力，限制人体行动或穿甲等。比如低动力冲击武器。

非致命化学武器。使毒剂和目标人或物之间产生化学反应。

非致命定向武器。能将电磁波或声波等能量投置在目标上。

非致命生物武器。使制剂和物体目标之间产生生物反应。

信息战。以信息技术为主要手段，其功能虽非致命性，但能造成严重后果，因此成为另一种战争形态。

心理战。影响敌人的思想与决策，心理战虽属非致命性，但却是一项已十分制度化的军事支援行动。

接下来让我们看看几种比较常见的非致命武器：

1. 声武器

声武器即各种声波和声音（包括超声、次声）发生装置，这些装置可以产生并发射极低频率的高功率声束，使人丧失意识，失去能力，在极近

的距离内甚至能破坏内脏器官。在点防御和向关键地点空降的作战行动小，可以利用声武器在关键的时刻使敌方混乱，赢得战机。

（1）超声武器。超声武器是利用高能超声波发生器产生的高频声波，造成强大的大气压力，使人产生视觉模糊、恶心等生理反应，从而使作战人员战斗力减弱或完全丧失作战能力。

（2）次声武器。次声波武器的研制比超声波武器更成熟些。次声波武器可分为两类。一类是"神经型"次声波武器，它的振荡频率同人类大脑的节律（8~12赫）极为近似，产生共振时，能强烈刺激人的大脑，使人神经错乱，癫狂不止。另一类是人体"内脏器官型"次声波武器，其振荡频率与人体内脏器官的固有振荡频率（4~18赫）相近，当与其产生共振时，使人的五脏六腑发生强烈疼痛，甚至导致人体异常，直至死亡。此种武器在有些国家已经出现了使人不适、行动受阻乃至死亡的记录。美国加州科学应用和研究协会正在为"联合军种轻武器计划"研制声波武器。一种是利用活塞或炸药驱动的脉冲器，它迫使压缩空气进入管内，产生低频、高分贝次南瓜波。当次声波波长与人体内某些器脏固有振荡频率相当时，会发生共振，人会失去平衡，视力模糊，恶心；功率大时，会造成永久性损伤，甚至死亡。另一种声弹是利用1~2米的盘状天线，会聚声波脉冲，用于攻击人或器材。若用几个这样的波束在目标上相交，且相位一致，波束彼此谐振，会造成比单波束更大的破坏效应。声弹能在小的封闭空间内产生耦合效应，适于攻击地下掩体、车、船、飞机中的人。

（3）致昏噪声武器。这是一种对付敌方基地指挥部、空中侦察机等的定向发射武器。其原理是利用爆炸时产生的噪声来麻痹敌人的听觉和中枢神经，使人员在2分钟内昏迷。德国已研制出了噪音弹。噪音弹的用途广

泛，尤其适用于一些特殊事件。

（4）声响发生器。美军正在研究一种声响发生器，这种武器能发出足以威慑或使人失去行动能力的声响，但对人体和环境都不会造成长期的危害。这种技术可用于保护军事基地或使馆等设施。当来犯者靠近时，声响发生器首先发出声音，使来犯者警觉，如果他们继续靠近，声音就会变得令人胆战心惊，假如他们不顾一切，继续逼近，发生器就会使他们丧失行动能力。

2. 计算机病毒武器

目前，随着计算机技术的迅速发展，数字化、电子化及等集成微电子技术成为军事应用的发展方向。在军事工程和战场上大量使用计算机、计算机网络系统以及联网数据通信，并采用标准化的格式，这为编制计算机病毒提供了通用性、方便性与标准化的可能性，大大有利于实施计算机病毒战。

计算机病毒武器是指利用各种手段、破坏敌方的计算机系统、导致敌方控制失灵、运转混乱、管理失控，最终不战而败。采用的手段有：（1）将伪数据或有害程序插入或嵌入信息系统，破坏系统的正常运行；（2）从敌方系统窃取有价值的数据或程序，直至接管对方系统的控制；（3）改变数据或程序，或引入通信延迟程序等，改变敌方系统的性能；（4）引起误操作、或抹掉系统中已有的数据或程序，或阻止对系统进行访问，使系统出现功能紊乱。

计算机病毒攻击的特点有：具有广泛的传染性，可大面积感染联网的计算机系统；潜伏性、隐蔽性，不易被用户觉察；可触发性，可按激活条件、定时激活；严重的破坏性，可彻底使信息系统失灵或混乱．也可暂时

欺骗敌方，麻痹敌人；具有主动性、针对性，可选择攻击的系统；具有衍生性，病毒自身可产生多种变体，使防护、对抗手段失灵。

3. 化学失能剂

化学失能剂在非致命作战中的效果主要是两类，一类是对人体产生效应，有神经抑制剂、镇静剂、刺激剂、催吐剂等等；另一类是对物质（材料）产生效应，有超级润滑剂、腐蚀剂、胶粘剂、脆化剂、阻燃剂等等。

给人体造成障碍的化学失能剂有很多种，美军最近研制一种高效、双途径作用的新失能剂 EA3834。此失能剂并未被列入"禁止化学武器公约"的清单之内，因此有可能作为非致命性软杀伤武器使用。EA3834 属于抗胆碱能类化合物，是具有精神性作用的失能剂。

在刺激剂方面，CS（西埃斯）CR（西阿尔）以及 EA4923，都能使人的眼睛和呼吸道受到刺激。除此之外，美军还在研制"臭鼬"核弹，这是一种恶臭颜料，以刺激和抑制攻击者。还有使人引起恶心或呕吐的 DM（亚当氏剂）催吐剂。

产生物质（材料）效应的化学失能剂更是多种多样。圣地亚实验室曾试验一种可用火炮发射或飞机投放的"黏性泡沫塑料"，有强烈的胶合作用，可渗透到机械装置（如大炮零件）中，并使其固化，而不能用。同时也可加入一些去不掉的发荧光的涂料到泡沫塑料中，以便跟踪这些武器装备。还可以把一种先进固化胶粘剂加到道钉中，然后散布到敌方的道路上，使飞机及其他运载工具活动极为困难。还有一种黏性烟雾状模糊剂，使敌人的视觉或电子监视受阻，无法及时准确地搜索、跟踪和瞄准目标。

美军还研制了一种侵袭微粒，这种微粒能胶粘机械系统、使电系统短路或迅速地腐蚀涡轮发动机部件。在波斯湾战争期间，美军曾用巡航导弹

发散一种能短路的碳纤维，使伊拉克发电厂暂时失去能力。

还有一种粉末润滑弹，是类似特氟隆（聚四氟乙烯）及其衍生物的化学物质，摩擦系数极低，且难以清除，洒在道路上使人不能行走甚至跌倒，使车轮空旋或滑出轨道，从而使敌人军事行动受到很大干扰。

此外，还有脆化剂、阻燃剂。脆化剂喷洒在金属装备上时，能引起金属或合金材料分子结构发生化学变化，使材料脆变。阻燃剂则由燃料添加剂组成，能污染燃料，改变燃料的黏度，降低空气吸入发动机，因而能使各种运载工具的发动机熄火。

非致命性武器能够给部队、军曾和保安人员提供了一种全新的武器系统。它能使飞机、导弹、装甲车和其他装备功能失效，使作战人员出现功能失调，甚至暂时性失明、聋哑及瘫痪等症状。同时又能最大限度地减少附带损伤。为此要求非致命性武器应具有的性能指标是：

（1）提高未来冲突中战术灵活性。

（2）性能要求不同于常规子弹和爆炸式弹药。

（3）附带损伤低，人员生命损失最小。

（4）通过视线投射提高其命中率和失能率。

（5）改进后勤供给和减轻单兵负荷。

（6）同时还要求具有应用非常规手段为直接瞄准射击和面积射击的武器系统提供可调整、改变射击到目标上的效果与水平（从致死到非致死性），从而能使得正在使用的武装和没有使用的武装的装备失去作用，使得有防护和没有防护的人员失能。

从上面我们列出的非致命武器性能指标来看，我们认为，非致命性武器的能力和效应有下列几个方面：

造成对人员能力的影响：(1) 暂时迷失方向；(2) 控制和疏散人群；(3) 镇静或击晕人员；(4) 削弱人的感觉。

造成设备、器件失效：(1) 致盲光学传感器和目标装置；(2) 使装备中电子部件损坏；(3) 阻止车辆和飞机活动；(4) 引起计算机运转系统故障或产生运算错误。

提供防护和监视：(1) 增强战术区域的防护；(2) 封锁/隔离敌人。

破坏物质支援系统/基础设施：(1) 降低或改变燃料和金属材料特性；(2) 毁坏功能；(3) 毁坏现代材料部件（合成部件、结合部件、结构部件、聚合物、合金）。

基于非致命性武器的特点和它具有的性能指标，非致命性武器可以作为冷战后对付地区性冲突和局部战争的手段之一，它可为国家指挥机关、指挥人员提供控制危机和突发事件的选择能力。

就美国国内来讲，民族矛盾种族冲突也是日趋严重。面对国内纷繁复杂的纠纷，导弹、坦克、M—16 步枪和直升飞机是不会有什么作为的，它们不敢被用来扭转得克萨斯州韦科的戴维教徒聚居地要变成地狱的趋势，也无法去平定在美国洛杉矶地区经常出现的冲突和骚乱。特别是在现今，公众杀人的现象是越来越不能容忍了，因此尽管手中有武器，仍不敢乱开枪。在决策者面对这些突发事件束手无策的时候，非致命性武器则能为决策者提供既能解决危机又能更好地保证人员的生命安全、稳定动荡不安的社会局面和维持社会太平的途径。

海湾战争结束后，美国国防部的一个战略小组总结海湾战争的经验教训，主要有两条：第一条是美国的高技术武器行之有效。美军在海湾战争中首次大规模地应用了信息化武器——包括信息化弹药、信息化作战飞

机、舰艇、车辆以及指挥控制通信计算机和情报系统（C4I系统），并显示了它们的卓越性能和强大的威力，促进了战争的进程。第二条是由于信息技术的飞速发展和广泛地应用于各个领域，特别是应用于通信、新闻报道等领域，人们能很快地把战场态势及伤亡的数字和血肉横飞的现象公布于众，如同身临其境，亲眼目睹，从而容易激起人民群众的公愤，甚至可以诱发出一场政治风波。非致命性武器正是吸取了以上两个方面的经验教训，它不需要进行"地毯式轰炸"，也不必进行"饱和状的轰击"，它完全可以采用"外科手术"式小规模局部毁伤的战术，将关键的目标摧毁而不毁坏周围。它既不是从整体上摧毁敌方的飞机、军舰、坦克、战车等武器的装备，也不会致敌军士兵以死命，而是"伤其关键，丧其功能，毁其作战能力，造成束手就擒"。在战争场上它可以作为常规战争和核战争的补充；在维护治安上，它可以成为歹徒和坏蛋的"克星"。

从政治上、外交上和经济上的需求来看，非致命性武器都将具有重大的意义，在未来战争中，它将平民伤亡和民用目标的附带破坏降至最低，从而有利于战争后的恢复和重建。很显然地，它也能取得国际舆论和政治上的支持。

然而，非致命性武器的研究也面临诸多困难。首先是来自许多常规武器专家的尖锐批评。麻省理工学院的安全研究项目主任哈韦·萨帕斯卡指出："虽然这是一项令人感兴趣的技术，但它并不会使血腥冲突和战争消亡。"一位前海军武器研究项目的主任也认为："我迄今还未见过一件真正能使用的光束枪。"即使有，也会带来其他一些问题。譬如一旦使用距离不当，所谓的非致命性武器也会使人丧命，而非只是让人残废。而且，它们的光束在传输过程中还易被物体所遮挡。

其次是伦理学家提出的严厉警告。他们说，几年前一些国家曾起草过几项条约和协议，目的是限制在战争中使用不同种类的子弹和炸弹，但还没有出现限制非常规武器使用的条约。所以他们指出，如果任这种情况长期存在下去，不知会给世界带来什么样的后果。

第三是医学界的忧虑。一些医学研究人员担心自己的研究成果（如对利用电磁波刺激聋哑人的听觉神经或用于治疗癫痫病患者的研究）有可能被用于武器的开发。实际上，美国军方一直在攫取这些成果。美国全国医学研究院负责神经中枢体研究项目的特里博士说："国防高级研究项目局每隔几年就会到我们这里来了解是否有使中枢神经系统轻微丧失功能的办法。"据美军负责特种作战与低强度冲突的查理·斯威特介绍说，五角大楼已准备用激光和声武器对人体进行试验。他说这种试验将被严加限制并完全符合伦理道德。

非致命性武器到底人道不人道呢？值得我们思考。

## 第十二章　神奇小精灵——纳米武器

读过《西游记》的人都会记得孙悟空钻进铁扇公主肚子里的故事，孙悟空保护唐僧去西天取经，路过火焰山，想借铁扇公主的扇子扇灭火焰山的烈火。不料铁扇公主不肯借扇。孙悟空便变成一只小虫钻进铁扇公主的肚子里，大闹五脏六腑，迫使铁扇公主就范。

如今，随着纳米技术在军事上的广泛应用，纳米武器也随之出现了，这种"小虫子"钻进肚皮的神话正逐步成为现实。

未来的战场从太空到空中，到地面，乃至水面及水下，将大量充斥着形形色色的纳米武器。采用纳米技术，可以使现有的雷达在体积缩小数十倍的同时，使信息处理能力提高数百倍；能把超高分辨率合成孔径雷达安放在卫星上，进行高精度对地侦察；利用量子器件可制造出全新原理、全面态化、智能化的微型制导系统，使制导武器的隐蔽性、机动性和生存能力大幅度提高。

## 第一节　纳米武器的概念

纳米武器，顾名思义，是指这种武器尺寸很小。纳米，这个计量单位在日常生活中很少出现，因为它太小了。拿"大"东西头发比，普通头发就有6万~7万纳米粗；拿小东西原子比，1纳米也就五个原子排列起来的长度。因此，肉眼是根本看不见纳米级的物体的。研究纳米级物质（包括分子、原子、电子）在100皮米（1皮米=10~12米）~100纳米空间内的运动规律、内在运动特点，并利用这些特性制造特定功能产品（包括纳米武器在内）的高新尖端技术，就是现在在科技界耳熟能详的纳米技术。

纳米材料

科学巨匠爱因斯坦早就预言："未来科学的发展无非是继续向宏观世界和微观世界进军。"当人类轰轰烈烈地飞入太空、登上月球、探索火星之际，人类同时也在静悄悄地深入物质内部，并在物质微粒间营造出一个崭新的微观王国。在这神奇奥妙的纳米天地里，一些见所未见、闻所未闻的"精灵"，如分子开关、原子制动器、单个电子晶体管等相继诞生了。

纳米技术从研究走向实用有3大关键：一是研制纳米材料，二是寻求

超精度强加工方法，三是做出微机电系统。

首先是研制纳米材料。如今高能量纳米材料、纳米隐形材料、纳米磁性材料已有重大突破。某些纳米材料产品已在高技术开发和军事应用领域作出了突出贡献。

英国科学家研制的微型机器苍蝇

其次是解决超精度微加工方法。所谓加工技术，在一般人的概念里，就是"由大到小"，根据设计要求将材料的多余部分用各种方法去掉制成零部件。这种常规的加工技术一直到加工微米级的零部件都是适用的，无非是随着物体尺寸缩小，精度要求更高、难度更大而已。然而当物体尺寸达到纳米级，常规的加工技术就没有了用武之地。怎么办？纳米技术研究者打破常规，进行反向思维，将常规的"由大到小"的加工方法改变为"由小到大"的加工方法，发明了所谓扫描隧道显微镜加工技术。扫描隧道显微镜加工技术的具体步骤是：将扫描隧道显微镜极其尖锐的金属探针，向材料表面不断逼近，当距离达到1纳米时，施加适当电压，产生隧道电流，这时探针尖端便吸引材料的一个原子过来，然后将探针移至预定

位置，去除电压，使原子从探针上脱落。如此反复进行，最后便按设计要求"堆砌"出各种微型构件。整个过程就如同用砖头盖房子一样。

再就是制造微机电系统：纳米技术的核心技术是微机电技术。微机电技术并不是通常意义上的简单的系统小型化，它可以说是制造业原理上的彻底变革。因为当每个部件都小到纳米级以后，宏观的参数如体积、重量等都变得微不足道了，而与物体表面相关的因素如表面张力和摩擦力就显得至关重要了。新的物理特性使纳米器件非常坚固耐用，同时也非常可靠。一般纳米器件振动 2000 万次，也丝毫不会损坏。近 10 多年，微机电技术获得了实质性突破。科学家们成功地制出了纳米齿轮、纳米弹簧、纳米喷嘴、纳米轴承等微型构件，并在此基础上制成了纳米发动机。这种微型发动机的直径只有 200 微米，一滴油就可以灌满四五十个这种发动机。与此同时，微型传感器、微型执行器等也相继制成。这些基础单元再加上电路、接口，就可以组成完整的微机电系统了。

英国科学家研制的微型机器蚊子

纳米技术对科学技术的进步具有划时代的影响。从电子管到晶体管，到集成电路，再到大规模集成电路，微电子技术已发展到了顶点。从这个意义上说，纳米技术将取代微电子技术，引发一场新的技术革命，创造新的奇迹。

## 第二节　纳米武器的原理和特点

1. 纳米武器的原理

美国兰德公司和国防研究所在对未来技术进行充分的研究后认为。纳米技术将是"未来驱动军事作战领域革命"的关键技术。为什么纳米技术如此受宠？纳米武器的原理是什么？与传统武器相比，纳米武器到底具有哪些特点？

纳米武器就是将纳米技术运用到武器装备上，纳米武器的超性能就是纳米技术的神奇，纳米技术就是纳米武器的原理。

像砖瓦是建造楼房的基础材料一样，纳米微粒是构建纳米设备最基础的部分。因此，要想搞清纳米武器的来龙去脉就有必要弄清纳米微粒的特性。纳米微粒具有尺寸小、相对表面大；而随着粒径的不断减小，其表面会急剧变大，从而引起表面原子数的迅速增加等特性。在很大的比表面积的情况下，就使得处于表面的原子数越来越多，由此大大增强了纳米粒子的活性。大比表面积带来的纳米粒子活性，会出现一些新特性。如金属在空气中不会燃烧，而金属纳米粒子在空气中会燃烧；无机材料的纳米粒子在大气中会吸附气体，并与气体进行反应。

1993年，美国贝尔实验室在研究硒化镉的实验中发现：随着颗粒尺寸的减小，物体的颜色会由红色变为绿色，尺寸再减小的话又会由绿色变为

蓝色。一些科学家就把这种发光带或吸收带由长波长移向短波长的现象称为"蓝移"；尺寸减小，能隙加宽发生蓝移的现象称为量子尺寸效应。1994年，美国加利福尼亚的伯克利实验室利用量子尺寸效应制备出了一种硒化镉可调谐的发光管。这种发光二极管就是通过控制纳米硒化镉的颗粒尺寸，来达成在红、绿、蓝光之间的变化。纳米颗粒的这种神奇功能使其在微电子学和光电子学中的地位变得极为突出。

由于纳米微粒和纳米固体具有小尺寸效应、表面与界面效应、量子尺寸效应，使得纳米微粒和纳米固体呈现出许多奇特的物理、化学性质，甚至出现一些"反常现象"，因而迄今尚有许多领域未被人们充分认识。如金属通常为良导体，但纳米金属微粒在低温下由于量子尺寸效应会呈现绝缘性；金属铂呈化学惰性，但制成纳米微粒后却成为活性极好的催化剂；绝缘的二氧化硅颗粒在20纳米时却开始导电；陶瓷在常温下很脆，而纳米陶瓷确有良好的韧性，等等。由于小尺寸和表面效应使得纳米微粒表现出极强的光吸收能力。金属的纳米微粒光反射能力显著下降，通常低于1%，具有这种能力的纳米微粒可以制作吸收可见光的隐身涂料。

正是由于纳米微粒的小尺寸效应、表面效应和量子尺寸效应，以及宏观量子隧道效应等特点，从而导致了纳米微粒的热、磁、光、敏感特性和表面稳定性等不同于正常粒子，这就使得它具有广阔的应用前景。

大量的研究、试验证明：纳米微粒的熔点、开始烧结温度和晶化温度均比常规粉体低得多。所谓烧结温度，是指把粉末先加压成形，然后在低于熔点的温度下使这些粉末互相结合，密度接近于材料的理论密度。鉴于其颗粒小，纳米微粒表面能高，表面原子数多，这些表面原子近邻配位不全，以及活性大和纳米微粒体积远小于大块材料，因此纳米粒子熔化时所

增加的内能较多。这就使得纳米微粒熔点急剧下降。

鉴于纳米微粒尺寸小、表面能高，压制成块后的界面具有高能量，在烧结中高的界面能成为原子运动的驱动力，有利于界面小的孔洞收缩。因此，在较低温度下烧结就能达到致密化的目的，也就是说烧结温度降低。举例来说，常规的氧化铝烧结温度是在热力学温度在1973~2073K，而纳米氧化铝只须在1423~1673K之间烧结，致密度可达99%以上。

奇异的磁特性是纳米微粒的另一个重要特性，主要体现在它的超顺磁性或高的矫顽力上。纳米微粒尺寸小到一定的临界值时，就进入了超顺磁状态。例如四氧化三铁的粒径为16纳米时，就进入超顺磁性。超顺磁性的起因在于小尺寸时，当各向异性能减小到与热运动能可相比拟时，磁化方向就不再固定在一个易磁化的方向上，磁化方向将呈现超起伏，结果导致超顺磁性的出现。

纳米微粒的一个最重要的标志是尺寸与物理的特征量相差不多。例如大的比表面使处于表面态的原子、电子与处于小颗粒内部的原子、电子的行为有很大的差别，这种表面效应和量子尺寸效应对纳米微粒的光学特性有很大的影响，甚至使纳米微粒具有同质的大块物体所不具备的新的光学特性。其中，有以下几个最突出的特性：

（1）很强的吸收率。众所周知，大块金属都有不同颜色的光泽，表明不同的部位对可见光范围各种颜色（波长）的反射和吸收能力各不相同。当尺寸减小到纳米量级时，各种金属纳米微粒几乎都呈黑色。它们对可见光的反射率极低，例如铂钠米粒子的反射率仅为1%，而金钠米粒子的反射率小于10%。这种对可见光的低反射率、强吸收率特性导致粒子变黑。

（2）普通的蓝移现象。纳米微粒比起大块材料来，其吸收带普遍存在

"蓝移"现象，也就是说吸收带移向短波方向。有关专家利用这种"蓝移"现象来设计一些波段可以控制的新型光吸收材料，致使纳米微粒可以凸显其长。

（3）新现的发光现象。在微电子学中，硅一直占据着"霸主"的地位，但美中不足的是硅不是好的发光材料。多年来，有关专家一直致力于使灰色的硅变得鲜艳夺目。非晶硅的出现及它在光电转换效率的提高上所发挥的单晶硅无法比拟的作用，使"闪光"的硅变为现实。非晶硅层管发出的光强度较弱的红外荧光人眼无法看见，但确实证明了灰色的硅由于原子状态的改变是可以"闪光"的。这一发现使硅如虎添翼，可望成为新世纪的有着重要应用前景的光电子材料。

事实证明，纳米微粒与颗粒尺寸的依赖关系极强。对同一种纳米材料，当颗粒达到纳米级时，它的电阻、电阻温度系数就都发生了变化。我们知道，银是优异的良导体，而粒径10～15纳米的银微粒电阻却突然升高，完全失去了金属的特性，变成了非导体。

一般情况下，纳米微粒为球形或类球形。但也有不少纳米微粒呈其他形状。例如镁的纳米微粒呈6角条状或6角等轴形，银的纳米微粒具有5边形、10面体形状。由于大的比表面所具有大的表面能和表面张力，使纳米颗粒的结构常常发生很大的畸变。

2. 纳米武器的特点

以上介绍了纳米武器的原理——纳米技术与纳米材料，现在让我们来看看纳米武器的性能特点：

（1）隐身性强。它们体积极小，根本无法探测，所以生来就具有隐身性，不易被发现。用量子器件取代大规模的集成电路，可使机器人控制系

统的重量和功耗缩小成千倍。用纳米技术制造的微型机器人，其体积只有昆虫般大小，却能像士兵一样执行各种军事任务。由于这些微型机器人隐蔽性强，它们可以长期潜伏在敌方关键设备中。平时相安无事，战时则可群起而攻之，令人防不胜防。

（2）武器装备系统超微型化。纳米技术使武器的体积、重量大大减小，使目前车载机载的电子战系统浓缩至可单兵携带，隐蔽性更好，安全性更高。用量子器件取代大规模的集成电路，可使武器系统的重量和功耗减小至千分之一。纳米技术可以把现代作战飞机上的全部电子系统集成在一块芯片上，也能使目前需车载机载的电子战系统缩小至可由单兵携带，从而大大提高电子战的覆盖面。用纳米技术制造的微型武器，其体积只有昆虫般大小，却能像士兵一样执行各种军事任务。

（3）高度智能化。量子器件的工作速度比半导体器件快 1000 倍，因此，用量子器件取代半导体器件，可以大大提高武器装备控制系统中的信息获取、传输、存储和处理能力，并能大大提高侦察监视精度。采用纳米技术，可使现有雷达在体积缩小至数千分之一的同时，其信息获取能力提高数百倍；能够把超高分辨率的合成孔径雷达安放在卫星上，进行高精度对地侦察……纳米技术还可以使武器表面变得更"灵巧"。利用可调动态特性的纳米材料作武器的蒙皮，可以察觉极细微的外界"刺激"。用纳米材料制造潜艇的蒙皮，可以灵敏地"感觉"水流、水温、水压等极细微的变化，并及时反馈给中央计算机，最大限度地降低噪声、节约能源；能根据水波的变化提前"察觉"来袭的敌方鱼雷，使潜艇及时做规避机动。用纳米材料做军用机器人的"皮肤"，可以使之具有比真人的皮肤还要灵敏的"触感"，从而能更有效地完成军事任务。

(4) 以神经系统为主要打击目标。与传统的武器不同，纳米武器以打击敌方的神经系统为主要打击目标，这是现代战争的特点和纳米武器的优势所决定的。信息技术的发展使战争形态发生了根本的变化，一方面，打击手段不断智能化精确化；另一方面，打击目标也从传统的工业生产设施转向信息系统。纳米武器由于具有超微型和智能化的明显优势，打击敌方的神经系统必然是纳米武器的首选目标，通过纳米武器所散发出来的巨大战争威力而使敌方宏观作战体系"突然瘫痪"，以致不得不屈服于微型武器所造成的战争压力。

(5) 便于大量使用。用纳米技术制造的微型武器系统，一般来说，几乎没有用肉眼看得见的硬件单元的连接，省去了大量线路板和接头，因此与其他的小型武器相比，纳米武器实现了武器系统集成化生产，使武器装备成本降低、可靠性提高，同时使武器装备研制、生产周期缩短。而运用也十分方便，用一架无人驾驶飞机就可以将数以万计的微机电系统探测器空投到敌军可能部署的地域或散布在天空中，十分容易地掌握敌人动向。而利用纳米技术生产出的纳米卫星重量小于 0.1 千克，一枚"飞马座"级的运载火箭一次即可发射数百颗乃至数千颗卫星，覆盖全球，完成侦查和信息转发任务。正因如此，美国战略研究所的一位科学家说："道理很简单，如果美国十几艘航空母舰毁了四五艘，可能会重创美国军力。如果以这笔钱来发展袖珍武器，那么我们可以以量取胜，毁了一百艘袖珍舰艇或飞机，也无关痛痒。"

(6) 难以根除。它们不仅体积小，数量多，而且能够"钻"进任何角落和缝隙中，不但极难发现，就是发现了也很难把它们根除，它们就像妖魔附身，永远也不能完全摆脱，具有极高的杀伤力和心理威慑力。

正因为如此，不少军事专家宣称，由纳米技术的发展而导致的武器装备的这种微型化将在军事作战领域内引发一场真正的革命。五角大楼的武器专家预计，5年内将有第一批由这种微型武器组成的"微型军"服役，10年内可望大规模部署。

21世纪可能是成千上万种纳米武器的天下，航空母舰、轰炸机或导弹都将不是它们的对手。在未来的战场上，天上是黑压压的"蜜蜂战机"机群，地面是数不胜数的"蚂蚁大军"。数以万计的重量不足100克的微型卫星在完成对地球的全球监视信息转发；"间谍草"无处不在，使军事保密措施无能为力；"苍蝇"和"黄蜂"将敌方电子信息系统炸得体无完肤，"信息高速公路"无法通过……纳米武器将作为新概念武器中最有特色的一员，在未来战场上以"微"胜"巨"，独领风骚。

## 第三节　纳米武器的种类及作战功效

虽然目前纳米技术尚不成熟，但由于其具有明显的军事潜力，因此极大地刺激着人们寻求纳米技术在军事上的应用。世界各主要军事大国相继制定了名目繁多的军用纳米技术开发计划。美国开发纳米技术的经费中有一半左右来自国防部系统；日本也认识到纳米技术在军事等方面应用的长远潜力，建成了第一个分子装配器；欧洲有关纳米技术的一项军事研究计划已在法国一个实验室开始起步……

目前，纳米技术的军事应用主要集中在纳米信息系统和纳米攻击系统

两大类上。

1. 纳米信息系统。纳米信息系统是指以纳米技术为核心的信息传输、存储、处理和传感系统。目前研制的主要有：

（1）微型间谍飞行器。该飞行器只有 15 厘米多长，能持续飞行一小时以上，它既可在建筑物中飞行，也可附在建筑物或设备上进行侦察，收集情报信息，它将成为对敌封闭设施进行侦察和军事对抗的理想工具。

（2）袖珍遥控飞机。它是一种不足扑克牌大小的遥控飞行装置，机上装有感应器，可闻出柴油机排出的废气，可在夜间拍摄红外照片，把最新情报传回数百千米外的基地，或把敌军坐标传回导弹发射阵地。

（3）"间谍草"。它实际上是一种分布式战场微型传感网络。外形看似小草，装有敏感的电子侦察仪、照相机和感应器。它具有人的"视力"，可探测出坦克等装甲车辆行进时产生的震动和声音，再将情报传回指挥部。

（4）高性能的敌我识别器。将用微机电系统制作的微型敌我识别器散布于整个飞机蒙皮上或车辆的外表面，能够以较低的功率自动对询问信号做出回答，识别敌我。

（5）有毒化学战剂报警传感器。在特定微机电系统上加一块计算机芯片（售价 20 美元），就可以构成袖珍式质谱仪，用来在化学战环境中检测气体。而目前使用的质谱仪，每台的售价为 1700 美元，重 68 千克以上。

（6）纳米卫星。它是微机电系统与微电子相结合的专用集成微型航天仪器系统。纳米卫星实质上是一种分布式的卫星结构体系，或布设成局部星团，或布设成分布式星座。这种分布式体系与集中式体系相比，可避免单个航天器失灵后带来的危害，提高航天系统的生存力和灵活性。

2. 纳米攻击系统。纳米攻击系统是指运用纳米技术制造的微型智能攻击武器，主要有：

（1）微机器人电子失能系统。它由传感系统、处理和自主导航系统、杀伤装置、通信系统和电源系统等5个分系统组成，当微机器人电子失能系统接近目标时，能"感觉"敌方电子系统的位置，进而渗入系统实施攻击，使之丧失功能。

（2）昆虫平台。它是用昆虫作为微机器人电子失能系统的载体，将微机器人电子失能系统预先植入昆虫的神经系统，既可操纵它们飞向敌方目标搜索情报，也可以利用它们使目标丧失功能或杀伤士兵。

（3）"蚂蚁雄兵"，也称"机械蚂蚁"。它只有蚂蚁大小，却具有可怕的破坏能力。它的背部装有一个太阳能微电池作动力，可神不知鬼不觉地潜入敌军司令部，或搜集情报，或用炸药炸毁电脑网络和通信线路。

（4）"机器虫"。它实际上是一种战地机器人。它有大有小，大的像鞋盒一样大，小的像一枚硬币那样小。它们会爬行、跳跃或飞行，既可以干排除地雷等危险工作，也可到千里之外去搜集信息。

3. 纳米武器的作战功效。纳米武器在制造工艺上非常复杂，但是其作战功效是极其突出的，所以即使制造纳米武器很复杂，但是各国仍是对其孜孜追求。让我们来看看神奇的纳米武器的作战功效：

（1）侦测能力超强。

第二次世界大战之后，尤其上世纪七八十年代以来的历次较大规模的局部战争，交战双方除了利用传统的侦察飞机、地面侦察器材、间谍窃听等手段外，只要有可能无一不用超然于国际法之外，而又本领高强的"太空眼"。自1957年10月，前苏联把第一颗人造卫星送入太空，从此漫漫宇

宙曾接纳过4900多个航天器。其中仅美国和前苏联两家就发射了3000颗左右的卫星，这当中70%是直接或间接从事情报活动的侦察卫星。今天侦察卫星已成为搜集对方情报的一种主要手段。不过，如前所述，目前在太空部署各种侦察卫星还有许多不足和缺陷，即使最先进的"锁眼11"和"锁眼12"要想对某一目标进行重复侦察，少则也需十来个小时。纳米卫星则弥补了常规卫星的不足。在18个等间隔的轨道面上，等间隔地施放638颗纳米卫星，能够对地球上任何一点实施连续不间断的照相侦察，不再受时间和地域的限制与制约。纳米卫星的发射方式也十分简便，一个"飞马座"级运载火箭一次就可发射数百乃至数千颗卫星。此时，敌方就无法利用卫星侦察的间隙来调动部队和部署武器装备。随着今后纳米卫星分辨率的不断提高，它的探测能力还会进一步增强。

在太空纳米卫星频展头角的时候，"苍蝇"和"蜜蜂"般的微型或超微型飞行侦察器也许会经常飞抵所要侦察的目标上空，或干脆附在目标上，利用飞行器所载的微型探测装置实施侦察监视。美国五角大楼已计划耗资3500万美元来支持研制微型飞行侦察器，并拟在作战部队中部署这种飞行侦察器，以减少地面侦察或行动时所出现的不必要的危险。与此同时，地面爬行的纳米机器侦察虫，能够与"间谍草"、"间谍石头"和"间谍树叶"等构成地面上的"天罗地网"，对目标展开更近距离的全方位侦察探测。

显而易见，纳米侦察探测设备的应用，将在目前的侦察探测能力的基础上出现一次质的飞跃。说具体点，就是纳米侦察探测能力的提高，体现为手段更加先进、形式更加多样、范围更加广阔、信息更加综合。它可以成千倍地提高指挥自动化系统处理战场信息的能力，可以使战场真正"透

明"，可以成千倍地提高侦察预警能力，将使侦察与伪装更趋白热化。而这恰恰是以往其他手段和技术无法做到的。

(2) 突袭能力超强。

突袭已成为现代战争乃至未来战争一个取胜的关键。在20世纪90年代以来发生的几场高技术局部战争中，突袭已成为双方奉若神明的法宝，且灵活使用的一方往往能收到事半功倍的效果。隐身技术的应用，增加了攻方兵力兵器突袭的隐蔽性，提高了突袭空防的能力。纳米武器如果以隐身武器作为运载平台，或是纳米武器再辅以隐身技术，那么它的威力必然大增。

从现今探测目标的手段看，雷达探测约占60%，红外探测约占30%，可见光及其他探测手段则占10%。也就是说，雷达和红外探测手段占全部探测手段的绝大多数，因此只要想方设法躲过或将自身的雷达和红外辐射信号降至最低，就能达到较好的隐身效果；它的隐蔽突袭效果也就会更好些。纳米武器比起同类武器来，无论是雷达隐身，还是红外隐身，乃至可见光隐身都要提高好几个数量级。比如说将来真正要部署于太空的硅纳米卫星，总重量不超过100克，还不如我们通常吃的一块月饼重；而且它的高度仅为10厘米，直径约为15厘米，整个外形比排球还略小一点。这么小的卫星部署在太空中，对方如果要想探测搜寻它们，无疑是大海捞针。假设纳米卫星在外形设计上能更注重隐身，同时在各重要部位涂敷隐身涂料，那么其隐身效果就将更上一乘。此时要想探测或攻击它将更难上加难。至于纳米卫星的红外辐射可以说也是少之又少。众所周知，卫星与其他运载工具截然不同之处在于，只要入轨速度达到了要求的数值和方向，它就可以长年累月、昼夜不停地绕着地球转。也就是说，卫星是做无动力

飞行，它没有产生大量红外辐射的动力源。所以，如果要从雷达和红外辐射上找出纳米卫星的"破绽"来，一般是比较难的。

　　进行空中打击的纳米飞行器，也和纳米卫星一样，它们的雷达和红外辐射值都非常小，甚至比纳米卫星更小。多年前，科技发达的国家即已研制成功翼展为 15 厘米甚至更小的微型飞机。将来像"麻雀"般，乃至"苍蝇"、"蜜蜂"般的飞行器必然会批量驰骋于空中，也许会在你毫无准备的情况下发起突然袭击。在很多情况下，即使防御方有所准备，也仍将防不胜防。

　　其实，又何止是太空和空中，未来的高技术武器充斥的战场将是多维的战场。除了来自头顶上方的包括纳米武器的各种打击兵器外，地面和水面、水下的纳米武器也都将呈现无比的威力，使对方难以招架。有人曾设想过，将来的超微型攻击机器人与人之间面对面的较量。当蚂蚁状甚至比蚂蚁更小的超微型攻击机器人，从四面八方、隐蔽的犄角旮旯里向你频频射击，试问你将怎样才能搜寻发现它们？即使你手中有极先进的武器，恐怕也无从下手，无从打击。

# 参考文献

[1] 余春著. 战争形态与武器特征 [M]. 国防大学出版社. 2007.

[2] 禚法宝, 张蜀平, 王祖文, 高媛编著. 新概念武器与信息化战争 [M]. 国防工业出版社, 2008.

[3] 董子峰著. 信息化战争形态论 [M]. 解放军出版社. 2004.

[4] 卢天贶, 王国玉, 赵宝林, 钟海荣, 陈潇潇, 卢哲俊等编著. 亚瑟王之剑——外国新概念武器大观 [M]. 上海人民出版社. 1999.

[5] 李传胪编著. 新概念武器 [M]. 国防工业出版社 [M]. 1999.

[6] 周碧松, 于华, 周景明编著. 未来战场的神奇杀手——新概念武器 [M]. 福建人民出版社. 2002.

[7] 阮拥军, 孙兵著. 定向神鞭: 微波武器 [M]. 解放军出版社. 2001.

[8] 沈根林, 李维强主编. 现代战争中的高技术武器 [M]. 上海人民出版社. 1994.

[9] 卢天贶主编. 琳琅满目的超级武器 [M]. 天津科学技术出版

社. 2003.

［10］王强，李景龙，卢勇编著. 太空神箭——定向能武器［M］. 华中师范大学出版社. 2000.

［11］王莹，马富学编著. 新概念武器原理［M］. 兵器工业出版社. 1997.

［12］阎吉祥编著. 激光武器［M］. 国防工业出版社. 1996.

［13］薛翔，国力著. 钢领斗士：智能武器［M］. 解放军出版社. 2001.

［14］里土著. 失能战剂：非致使武器［M］. 解放军出版社. 2001.

［15］周景明，王晓明编著. 传播死亡的黑色妖魔：生物武器［M］. 福建人民出版社. 2002.

［16］王力，解林冬，王军委，小卜一编著. 病毒武器与网络战争［M］. 军事谊文出版社.

［17］魏平编著. 不速黑客——计算机病毒武器［M］. 国防大学出版社. 1998.

［18］袁文先，涂俊峰，周德旺著. 数字黑客：信息武器［M］. 解放军出版社. 2001.

［19］李景龙，沈明华，李力钢编著. 网络天敌——计算机病毒武器［M］. 华中师范大学出版社. 2000.

［20］李杰，迎南编著. 战地幽灵——隐身武器［M］. 华中师范大学出版社. 2000.

［21］曹泽文主编. 匿迹销声的隐身武器［M］. 天津科学技术出版社. 2003.

［22］肖占中、宋效军主编. 纳米武器与微型战争［M］. 海潮出版社. 2003.

［23］李杰，迎南，宁海远著. 神奇精灵：纳米武器［M］. 解放军出版社. 2001.